MATHE
arbeitsblätter
natürliche zahlen
klasse 5 und 6

REINHARD SCHMITT-HARTMANN

offener unterricht

Ernst Klett Verlag

stuttgart düsseldorf leipzig

Hinweis

Ausschließlich zur besseren Lesbarkeit der Texte wurden statt der Formulierungen „Schülerinnen und Schüler" bzw. „Lehrerinnen und Lehrer" weitgehend die Formulierung „Schüler" und „Lehrer" gewählt.

1. Auflage   1 9 8 7 6 5 | 2011 2010 2009 2008 2007

Alle Drucke dieser Auflage können im Unterricht nebeneinander benutzt werden,
sie sind untereinander unverändert. Die letzte Zahl bezeichnet das Jahr dieses Druckes.
© Ernst Klett Verlag GmbH, Stuttgart 2001.
Internetadresse: http://www.klett-verlag.de
Alle Rechte vorbehalten.
Redaktion: Kerstin Leonhardt-Botzet

Satz: topset Computersatz, Nürtingen
Umschlaggestaltung: KOMA AMOK® Kunstbüro für Gestaltung, Stuttgart
Zeichnungen: Mathias Hütter, Schwäbisch Gmünd
Foto: Mauritius Stuttgart (Benelux Press)
Druck: Druckhaus Götz GmbH, Ludwigsburg

ISBN 3-12-720014-1

Inhaltsverzeichnis

Einleitung

„Nur wenn man nicht auf den Nutzen nach außen, sondern in die Mathematik selbst sieht, bemerkt man das eigentliche Gesicht dieser Wissenschaft"

Robert Musil

Freiwilliges und selbstbestimmtes Lernen in der Schule scheint zunächst ein Widerspruch zu sein. Freies Spielen oder vielleicht freies Nichtstun in der Schule wäre den meisten Schülern sicher sehr willkommen – aber freiwilliges Lernen? Aus Lehrersicht eine schöne Vorstellung, die sich aber im Schulalltag nur bei wenigen Schülern bewahrheitet. Wie sollte auch ein freies Lernen in der Schule entstehen können, wenn Unterrichtsinhalte von vornherein nicht frei, sondern durch Lehrpläne klar festgelegt sind?

Dass das Arbeiten und Lernen in der Schule – trotz vorgegebener Lehrplaninhalte – freiwillig erfolgen kann, beobachtet man allenfalls in den unteren Schulklassen. Später aber, wenn der Leistungsdruck zunimmt, verschiebt sich das freiwillige Lernen zu einem zweckgerichteten Lernen. Das Resultat des Lernens in Form von Noten gewinnt gegenüber der Neugierde und dem Bedürfnis nach neuem Wissen an Gewicht. Folgen dieser „normalen Entwicklung" sind bei vielen Schülern Lernunlust und die damit verbundenen Konzentrationsschwierigkeiten oder regelrechte Lernblockaden.

Der offene Unterricht versucht dieser Entwicklung entgegenzuwirken. Er bietet Schülern die Möglichkeit, in kleinen, selbst gewählten Lernschritten zu arbeiten. Ein besonderer Vorteil dieser Arbeitsform liegt in den vielfältigen Entscheidungsmöglichkeiten der Schüler: Sie erlauben ein zielgerichtetes und damit ökonomisches Lernen. Jeder Schüler kann selbst entscheiden, ob er bereits behandelten Stoff wiederholen oder sich neuen erarbeiten will, ob er eine leichte oder schwere Aufgabe bearbeiten möchte, ob er alleine oder mit anderen Schülern in einer Gruppe lernen will. Er kann das Lernen auf seine individuellen Bedürfnisse abstimmen; die vielfach geforderte Binnendifferenzierung lässt sich im offenen Unterricht ideal verwirklichen.

Nun mögen bei all den genannten Entscheidungsfreiheiten seitens der Schüler Bedenken aufkommen, ob diese Lernform nicht automatisch früher oder später ins allgemeine Chaos führt. Doch diese Befürchtung wird durch die Praxis keineswegs bestätigt. Vielmehr schafft der offene Unterricht ein Lernklima, in dem Schüler nicht nur den fachbezogenen Stoff lernen, sondern darüber hinaus das selbständige und eigenverantwortliche Arbeiten trainieren. Sie gewinnen damit Schlüsselqualifikationen, die sie für ein erfolgreiches Lernen auch und besonders in den höheren Klassen benötigen.

Das Grundkonzept

Das vorliegende Buch enthält Kopiervorlagen für den offenen Unterricht im Bereich „Natürliche Zahlen". Die Materialien wurden so konzipiert, dass die Schüler den Lernstoff abwechslungsreich selbst erarbeiten und festigen können: In jeder Lerneinheit stehen den Schülern Info-Blätter, Spiele-Blätter sowie Übungsblätter mit Selbstkontrolle zur Verfügung. Ferner wurde darauf geachtet, dass der erforderliche zeitliche wie finanzielle Aufwand für den Lehrer in der Vor- und Nachbereitung gering bleibt.

Alle Kopiervorlagen sind im DIN A5-Format vorgegeben, wodurch der Bearbeitungsumfang der einzelnen Blätter für die Schüler überschaubar bleibt.

Die fünf Kapitel des Buches sind jeweils in vier Unterkapitel eingeteilt, von denen jedes ein eigenes Thema behandelt.

Jedes Kapitel enthält:
   1 Start-Seite
   1 Protokoll-Seite und
   4 Unterkapitel,

   jedes Unterkapitel:
      1 Info-Blatt
      1 Spiele-Blatt
      4 Übungsblätter und
      1 oder 2 Lösungsblätter.

Alle Blätter eines Unterkapitels werden – bis auf die Lösungsblätter – in ausreichender Anzahl kopiert und den Schülern zu Beginn der Stunde bereitgestellt.

Die Schüler wählen sich zunächst ein oder mehrere Blätter aus, bearbeiten sie und kontrollieren sie anschließend selbständig.

Auf dem *Info-Blatt* befindet sich ein kurzer Informationstext zum jeweiligen Thema. Der Schüler kann sich so den Stoff bei Bedarf noch einmal selbst aneignen oder wiederholen.

Weiterhin stehen ihm vier *Übungsblätter* zur Verfügung, die nach drei Schwierigkeitsgraden unterteilt sind. Dabei bedeutet die Kopfzeilensymbolik:

    💡   leichte Aufgaben

    💡💡   mittelschwere Aufgaben

    💡💡💡   schwere Aufgaben.

(Um diese unterschiedlichen Schwierigkeitsgrade zusätzlich optisch hervorzuheben, können die Blätter z.B. auf unterschiedlich gefärbtes Papier kopiert werden)

Alle Übungsblätter sind so erstellt, dass die Schüler sie selbständig bearbeiten können. Zum besseren Verständnis ist auf den Übungsblättern die jeweils erste Lösung bereits mit Lösungsweg gerechnet.

Die anschließende Überprüfung der Übungsblätter können die Schüler ebenfalls ohne weitere Hilfe durchführen. Sie vergleichen ihre Ergebnisse durch Anlegen des Übungsblattes an das entsprechende *Lösungsblatt*:

Das Übungsblatt wird so an das Lösungsblatt gehalten, dass die Kennungen (**I-4, Übung 3**) übereinstimmen.

Im abgebildeten Beispiel stimmt das Ergebnis der ersten Aufgabe des Übungsblattes (die eingekreiste **29**) mit der Lösung des im Hintergrund liegenden Lösungsblattes überein.

Die Lösungsblätter stehen den Schülern z. B. in gesonderten Ordnern zur Verfügung und dürfen ausschließlich zur Überprüfung verwendet werden.

Stimmt ein Ergebnis nicht mit der vorgegebenen Lösung überein, versuchen die Schüler die Aufgaben erneut zu rechnen. Sollte es ihnen auch im zweiten Versuch nicht gelingen, die Aufgabe richtig zu berechnen, können sie ihren Lehrer oder – noch besser – einen Mitschüler um Hilfe bitten.

Am Ende der Stunde werden die Blätter zur Korrektur vom Lehrer eingesammelt.

Schließlich enthält jedes Unterkapitel ein *Spiel*, das die Schüler allein oder in Kleingruppen durchführen können. Die für ein Spiel notwendigen Materialien sind zur besseren Übersicht in der Spielbeschreibung unterstrichen.

Bei einigen Spielen ist es sinnvoll, sie auf DIN A4-Format zu vergrößern oder auf Karton zu kopieren. Diese Blätter sind in der Kopfzeile zusätzlich mit folgenden Symbolen gekennzeichnet:

     (auf DIN A4 vergrößern)

    📠   (auf Karton kopieren)

Die beste Haltbarkeit erzielt man bei Spielekärtchen, indem die kopierten Blätter zunächst laminiert und anschließend zerschnitten werden.

Für den Einsatz mehrerer gleicher Kartensätze ist es hilfreich, die Vorlagen auf unterschiedlich gefärbtes Papier zu kopieren; so lassen sich die verschiedenen Kartensätze leichter wieder trennen. Darüber hinaus sind auf den Kärtchen Kennungen mit den Kapitel- und Unterkapitelnummern verzeichnet, die die Zuordnung zur Spielbeschreibung vereinfachen sollen.

Zur Lösung der Spiele können die Schüler das *Lösungskärtchen* mit der *Lösungstabelle* (Beschreibung und Kopiervorlage auf Seite 93) verwenden.

Für die Herstellung weiterer Arbeitsblätter finden sich schließlich im letzten Kapitel einige Kopiervorlagen. So lässt sich die Sammlung beliebig erweitern und die Aufgaben individuell auf den jeweiligen Unterrichtsstoff abstimmen. (Erhalten darüber hinaus die Schüler die Möglichkeit, sich an der Erstellung der Übungsblätter zu beteiligen, befassen sie sich bereits in der Vorbereitungsphase mit dem Unterrichtsstoff – und zwar aus einer für die Schüler sehr motivierenden, weil neuen Perspektive!)

Das Ordner-System

Selbstverständlich lassen sich die Arbeitsblätter auch in anderer Form einsetzen.

So können die Schüler ihre Arbeitsblätter in Ordnern abheften, die der Lehrer nach einem festen oder variablen Zeitraum einsammelt und kontrolliert. Es empfiehlt sich vorzugeben, wie viele Blätter bis zu welchem Zeitpunkt als Pflichtprogramm bearbeitet werden sollten.

Zur besseren Übersicht erhalten die Schüler eine *Protokoll-Seite* (Kopiervorlagen jeweils zu Beginn eines Kapitels). Bearbeitete Übungsblätter oder Spiele werden auf der Protokoll-Seite mit Datum festgehalten. Weiterhin kreuzen sie an, ob für sie die Bearbeitung des Blattes im Schwierigkeitsgrad

zu leicht   ☺,
genau richtig ☺ oder
zu schwer   ☹ war.

Diese Angaben verschaffen dem Lehrer eine schnelle Übersicht. Auf der grau unterlegten Fläche kann der Lehrer das Blatt bei der Durchsicht als kontrolliert abzeichnen oder mit einer kurzen Bemerkung versehen:

Ausschnitt einer Protokoll-Seite

Datum	☺ zu leicht	☺ genau richtig	☹ zu schwer	Lehrer/-in
5.10.		✗		SH
5.10.		✗		SH
12.10.	✗			Bitte Aufgabe e verbessern!

Ausschnitt des Protokoll-Blatts

Das Karten-System

Das im Folgenden vorgestellte Verfahren ist zwar in der (einmaligen) Vorbereitung etwas aufwändiger, bietet aber den Vorteil, dass der Lehrer nicht jede Stunde neue Arbeitsblätter kopieren muss.

Die Blätter werden jeweils in geringerer Stückzahl auf Karton kopiert oder besser noch laminiert. Die so erstellten Arbeitskarten werden den Schülern in dafür vorgesehenen Kästen oder Fächern bereitgestellt.

Während der Arbeitsphase können sich die Schüler Arbeitskarten aussuchen und an ihren Platz nehmen. Die Ergebnisse werden nun aber nicht auf die Arbeitskarten selbst, sondern auf einem Ergebnis-Blatt notiert (Kopiervorlage auf Seite 94 oder handelsübliche Blätter verwenden). Anschließend werden die Arbeitskarten wieder in die entsprechenden Kästen zurückgelegt, sodass der nächsten Schüler sie bearbeiten kann. Die Ergebnis-Blätter werden am Ende der Stunde zur Korrektur eingesammelt.

Klipp & Klärchen

Hallo zusammen, wir sind Klipp & Klärchen, die cleveren Lerner von heute!

Ehrlich gesagt, früher war Lernen für uns eher mühselig und lästig! Aber seit wir so lernen, wie es uns gefällt, ist Lernen gar nicht mehr so langweilig. Wie das geht? Ganz einfach:

Das Wichtigste dabei ist, dass du genau das lernst, was für dich am besten ist! So einfach ist das! Wenn du den Stoff erst einmal wiederholen willst, liest du dir zunächst das *Info-Blatt* durch; hier findest du in Kürze die wichtigsten Informationen. Du kannst dir aber auch direkt ein *Übungsblatt* auswählen. Hier gilt: Bist du in einem Gebiet noch unsicher, suchst du dir einfache Übungen aus; die findest du auf den Zetteln mit einem Birnchen (🍐). Hast du den Stoff hingegen schon halb verstanden, kannst du dir ruhig einen Zettel mit mittelschweren Aufgaben (🍐🍐) vornehmen. Wenn du bei einem Thema schließlich das Gefühl hast, dass der Stoff wirklich sitzt, kannst du bedenkenlos zu einem Zettel mit drei Birnchen (🍐🍐🍐) greifen – auf denen findest du wirklich Aufgaben für Experten! Das ist im Wesentlichen schon alles. Wie du nun überprüfst, ob du auch richtig gelernt hast, erklärt dir am besten Klärchen. Also dann bis demnächst, dein

Klipp

So, jetzt weißt du ja bereits, wie man sich das richtige Arbeitsblatt auswählt. Bleibt noch die Frage, wie du deine Ergebnisse überprüfen kannst. Hierzu gibt es extra *Lösungs-Blätter* mit allen Lösungen! Als Schlüssel musst du die Blattnummer im oberen Teil des Arbeitsblattes verwenden.

Zur Abwechslung gibt es dann noch ein ganz besonderes Bonbon: Von Zeit zu Zeit darfst du allein oder mit Klassenkameraden auch einmal Mathematik spielen. Zu jedem Thema gibt es immer ein Spiel. Hierbei wünschen wir schon jetzt viel Vergnügen!

Schließlich erhältst du noch ein Protokoll-Blatt. Auf ihm kannst du eintragen, was du erledigt hast. Neben dem Datum kreuzt du an, ob du den Schwierigkeitsgrad des Übungsblattes zu leicht (☺), genau richtig (☺) oder zu schwer (☹) fandest.

So gewinnst du (und vielleicht auch deine Lehrerin oder dein Lehrer) einen guten Überblick über deine Arbeit.

Also dann viel Erfolg beim neuen Lernen, dein

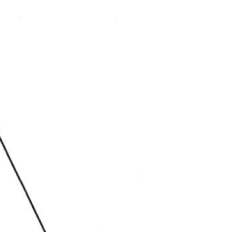

Klipp & Klärchen

Hallo zusammen, wir sind Klipp & Klärchen, die cleveren Lerner von heute!

Ehrlich gesagt, früher war Lernen für uns eher mühselig und lästig! Aber seit wir so lernen, wie es uns gefällt, ist Lernen gar nicht mehr so langweilig. Wie das geht? Ganz einfach:

Das Wichtigste dabei ist, dass du genau das lernst, was für dich am besten ist! So einfach ist das! Wenn du den Stoff erst einmal wiederholen willst, liest du dir zunächst das *Info-Blatt* durch; hier findest du in Kürze die wichtigsten Informationen. Du kannst dir aber auch direkt ein *Übungsblatt* auswählen. Hier gilt: Bist du in einem Gebiet noch unsicher, suchst du dir einfache Übungen aus; die findest du auf den Zetteln mit einem Birnchen (🍐). Hast du den Stoff hingegen schon halb verstanden, kannst du dir ruhig einen Zettel mit mittelschweren Aufgaben (🍐🍐) vornehmen. Wenn du bei einem Thema schließlich das Gefühl hast, dass der Stoff wirklich sitzt, kannst du bedenkenlos zu einem Zettel mit drei Birnchen (🍐🍐🍐) greifen – auf denen findest du wirklich Aufgaben für Experten! Das ist im Wesentlichen schon alles. Wie du nun überprüfst, ob du auch richtig gelernt hast, erklärt dir am besten Klärchen. Also dann bis demnächst, dein

Klipp

So, jetzt weißt du ja bereits, wie man sich das richtige Arbeitsblatt auswählt. Bleibt noch die Frage, wie du deine Ergebnisse überprüfen kannst. Hierzu gibt es extra *Lösungs-Blätter* mit allen Lösungen! Als Schlüssel musst du die Blattnummer im oberen Teil des Arbeitsblattes verwenden.

Zur Abwechslung gibt es dann noch ein ganz besonderes Bonbon: Von Zeit zu Zeit darfst du allein oder mit Klassenkameraden auch einmal Mathematik spielen. Zu jedem Thema gibt es immer ein Spiel. Hierbei wünschen wir schon jetzt viel Vergnügen!

Schließlich erhältst du noch ein Protokoll-Blatt. Auf ihm kannst du eintragen, was du erledigt hast. Neben dem Datum kreuzt du an, ob du den Schwierigkeitsgrad des Übungsblattes zu leicht (☺), genau richtig (☺) oder zu schwer (☹) fandest.

So gewinnst du (und vielleicht auch deine Lehrerin oder dein Lehrer) einen guten Überblick über deine Arbeit.

Also dann viel Erfolg beim neuen Lernen, dein

© Als Kopiervorlage freigegeben. Ernst Klett Verlag GmbH, Stuttgart 2001

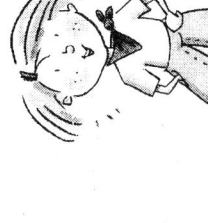

I Natürliche Zahlen

Protokoll

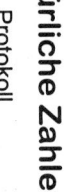

Einheit	Blatt	Datum	zu leicht	genau richtig	zu schwer	Lehrer/-in
I-1 Zahlenstrahl und Stellenschreibweise	Info					
	Spiel					
	Übung 1					
	Übung 2					
	Übung 3					
	Übung 4					
I-2 Runden – Zeichnerische Darstellung von Zahlen	Info					
	Spiel					
	Übung 1					
	Übung 2					
	Übung 3					
	Übung 4					
I-3 Anordnen und Aufzählen von Listen	Info					
	Spiel					
	Übung 1					
	Übung 2					
	Übung 3					
	Übung 4					
I-4 Stellenwertsysteme und Römische Zahlzeichen	Info					
	Spiel					
	Übung 1					
	Übung 2					
	Übung 3					
	Übung 4					

I-1 Zahlenstrahl und Stellenschreibweise

Spiel: Die Nullen-Scheibe

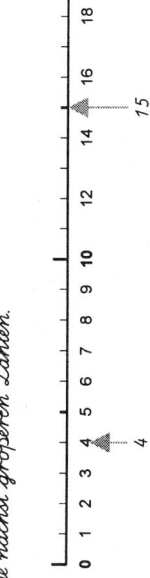

Wie viele Nullen hat...

✄

Lösung

✄

eine Milliarden

Zehntausend

einhundert Millionen

einhundert Billiarden

zweihundert Milliarden

vierzig Billionen

sechs Billionen

zweihunderttausend

11 12 13 5 8 4 6 17

Spielvorbereitung

1) Schneide mit einer Schere die beiden Kreisscheiben an den fettgedruckten Linien aus. Schneide weiterhin die beiden grauen Kästchen auf der oberen Kreisscheibe aus, sodass zwei Fenster entstehen.

2) Bohre in die Mitte beider Kreisscheiben ein Loch.

3) Lege die Kreisscheiben mit den beiden Fenstern auf die andere und befestige sie mit einer Briefklammer durch die beiden Löcher in der Mitte.

Spielbeschreibung

In dem rechteckigen Fenster steht immer ein Zahlwort. Aufgabe ist es, die Anzahl der zugehörigen Nullen dieser Zahl zu bestimmen.

Die Lösung findest du im quadratischen Fenster. (Diese solltest du zunächst mit dem Daumen abdecken!)

I-1 Zahlenstrahl und Stellenschreibweise

Info

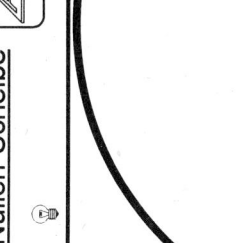

0 1 2 3 4 5 6 7 8 9 10 11 12 13 14 15 16 17 18

Für jede natürliche Zahl (0; 1; 2; 3; 4; ...) gibt es einen Punkt auf dem Zahlenstrahl. Ganz links steht die kleinste natürliche Zahl, die 0. Rechts davon stehen die nächst größeren Zahlen.

Da es unendlich viele Zahlen gibt, hat der Zahlenstrahl ja rechts unendlich lang zeichnen, oder?)

Sind zwei Zahlen verschieden groß, so können wir das mit einer Ungleichung aussagen. Zum Beispiel $3 < 10$ oder $12 > 7$ oder auch $5 < 7 < 12$.

Jede Zahl besteht aus Ziffern. Ganz rechts stehen die Einer, dann kommen die Zehner (1), die Hunderter (2), die Tausender (3), Zehntausender (4), Hunderttausender (5), eine Million (6), zehn Millionen (7), hundert Millionen (8), eine Milliarde (9), zehn Milliarden (10), hundert Milliarden (11), eine Billion (12)...

(In den Klammern stehen jeweils die Anzahl der Nullen.)

Schreibe auf, zu welchen Zahlen die grauen Pfeile gehören.

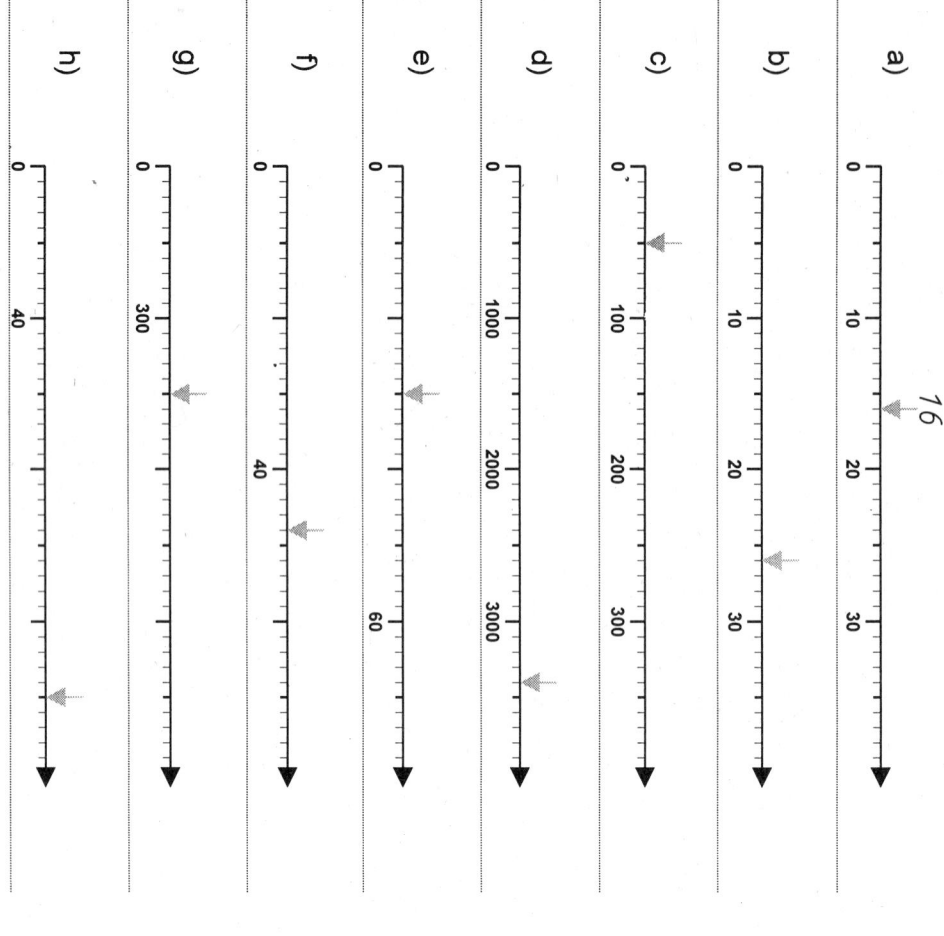

a) 0 — 10 — 20 — 30   *16*

b) 0 — 10 — 20 — 30

c) 0 — 100 — 200 — 300

d) 0 — 1000 — 2000 — 3000

e) 0 — 60

f) 0 — 40

g) 0 — 300

h) 0 — 40

i) 0 — 5

Ordne die folgenden Zahlen nach ihrer Größe.

a) 15, 20, 9 und 12: *9 < 12 < 15 < 20* ✓

b) 21, 12, 102 und 201:

c) 110, 101, 11 und 1100:

d) 2432, 2234, 2342 und 3224:

e) 54 300, 50 599 und 6000:

f) 99 199, 91 999 und 9999:

g) 1234, 1156 und 969:

h) 8282, 8228 und 2888:

i) 67 776, 67 676 und 76 767:

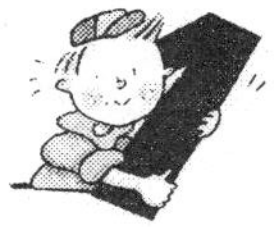

I-1 Stellenschreibweise

Übung 3

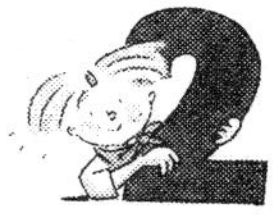

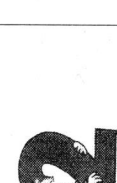

Name: ______________________

Ergänze die Tabelle.

	Vorgänger	Zahl	Nachfolger
a)	80	81 ✓	
b)	99		
c)	8998		
d)		1000	
e)		909	
f)		6789	
g)			10 721
h)			10 000

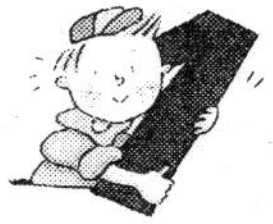

I-1 Stellenschreibweise

Übung 4

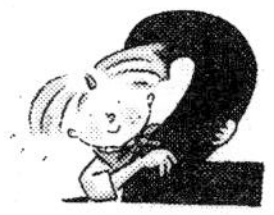

Name: ______________________

Schreibe die Zahlen mit Ziffern.

a) Dreihundertachtundsiebzig: 378 ✓

b) Zweiundzwanzigtausendvierhundertzehn:

c) Siebenunddreißigtausendzweihundertvierunddreißig:

d) Sechshunderteinundneunzigtausend:

e) Neunundneunzigtausendundneun:

f) Eine Million zehntausend

g) Fünf Millionen zweihundertausend

h) Dreihundertvierundzwanzig Millionen zehntausend:

i) Elf Billionen einhundert Millionen zwanzig tausend:

© Als Kopiervorlage freigegeben. Ernst Klett Verlag GmbH, Stuttgart 2001

Lösungen

	Übung 1	Übung 2	Übung 4
a)	16	9 < 12 < 15 < 20	378
b)	26	12 < 21 < 102 < 201	22 410
c)	50	11 < 101 < 110 < 1100	37 234
d)	3400	2234 < 2342 < 2432 < 3224	691 000
e)	30	6000 < 50 599 < 54 300	99 009
f)	48	9999 < 91 999 < 99 199	1 010 000
g)	450	969 < 1156 < 1234	5 200 000
h)	140	2888 < 8228 < 8282	324 010 000
i)	6	67 676 < 67 776 < 76 767	11 000 100 020 000

Lösungen

Übung 3

	Vorgänger	Zahl	Nachfolger
a)	80	81	82
b)	99	100	101
c)	8998	8999	9000
d)	999	1000	1001
e)	908	909	910
f)	6788	6789	6790
g)	10 719	10 720	10 721
h)	9998	9999	10 000

Pyramiden-Spiel

Spielbeschreibung

1) Schneide mit einer <u>Schere</u> die 25 Quadrate an den fettgedruckten Linien aus.
2) Lege die Kärtchen so zusammen, dass angrenzende Zahlen mit den Zahlen und Rundungsvorschriften übereinstimmen. (Die grauen Felder markieren den Rand.)
3) Bei richtiger Lösung erhältst du aus den weißen Buchstaben einen Lösungssatz.

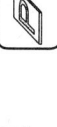

Spielfeld (25 Kärtchen mit Zahlen, Rundungsvorschriften und Buchstaben):

Zeile 1:
- 5000 · E · 990 · 80 234 auf Tausender
- 3000 · N · 800 · 654 321 auf Zehntausender
- 90 000 · K · 6435 auf Zehner
- 570 000 · I · 400 · 27 511 auf Hunderter · 1110 auf Hunderter
- 263 · U · 37 980 · 990 auf Hunderter · 12 777 auf Tausender

Zeile 2:
- 7 000 000 · I · 64 auf Zehner · 1 23 456 auf Hunderter
- 40 000 · T · 80 000 · 19 auf Zehner
- 0 · D · 7 372 822 auf Millionen
- 3788 · E · 545 143 auf Millionen · auf Tausender
- 1550 · P · 6440 · 7583 auf Tausender

Zeile 3:
- 13 000 · A · 8000 · 992 auf Zehner · 62 533 auf Hunderter
- 60 · T · 10 · 26 372 auf Zehner · 87 283 auf Zehntausender
- 87 000 · E · 6435 auf Tausender · 87 283 auf Zehntausender
- 1100 · N · 10 000 · 2737 auf Hunderter · 58 344 auf Zehntausender
- 65 740 · R · 1000 · 245 auf Tausender · 5454 auf Tausender

Zeile 4:
- 4200 · I · 26 370 · 3332 auf Tausender
- 20 · T · 28 000 · 5 auf Zehner · 7575 auf Zehner
- 650 000 · K · 4000 · 12 auf Hunderter · 565 123 auf Zehntausender
- 1 000 000 · A · 250 · 37 374 auf Zehntausender
- 362 auf Hunderter · N · 143 auf Hunderter

Zeile 5:
- 100 · I · 6435 auf Zehntausender · 87 283 auf Tausender
- 62 500 · 200 · 763 auf Hunderter · 65 744 auf Zehner
- 123 500 · K · 4178 auf Hunderter
- 60 000 · A · 6000 · 37 983 auf Zehner · 1546 auf Zehner
- 2580 · F · 2700 · 231 auf Hunderter · 263 auf Einer

Info

Runden auf Hunderter:

Beim Runden einer Zahl auf Hunderter schauen wir auf die rechts von dieser Stelle stehende Ziffer, also die Zehner.

Ist diese Ziffer eine 0, 1, 2, 3 oder 4, so wird abgerundet.
Ist diese Ziffer eine 5, 6, 7, 8 oder 9, so wird aufgerundet.

Beispiele:

1) Die Zahl 627 wird (wegen der 2) abgerundet; wir schreiben 627 ≈ 600.
2) Die Zahl 2687 wird (wegen der 8) aufgerundet; wir schreiben 2687 ≈ 2700.

Runden auf andere Stellen:

Um eine Zahl auf andere Stellen zu runden, musst du genauso vorgehen: Du betrachtest die Ziffer, die rechts von der Stelle steht, auf die du runden willst. Wieder gilt dann:

Ist diese Ziffer eine 0, 1, 2, 3 oder 4, so wird abgerundet.
Ist diese Ziffer eine 5, 6, 7, 8 oder 9, so wird aufgerundet.

Beispiele:

Runden auf Zehner: 43612 ≈ 43610 (wegen der 2)
Runden auf Tausender: 43612 ≈ 44000 (wegen der 6)
Runden auf Zehntausender: 43612 ≈ 40000 (wegen der 3)

Name: _____

Runde die Zahlen nach der angegebenen Vorschrift.

a) 132 gerundet auf Zehner: 130 ✓

b) 132 gerundet auf Hunderter: _____

c) 28 674 gerundet auf Tausender: _____

d) 28 375 gerundet auf Zehner: _____

e) 1 827 318 gerundet auf Zehntausender: _____

f) 19 282 gerundet auf Zehntausender: _____

g) 1828 gerundet auf Hunderter: _____

h) 99 298 gerundet auf Tausender: _____

i) 199 gerundet auf Tausender: _____

Name: _____

Welches ist die...

a) ...kleinste Zahl, die auf Tausender gerundet
2000 ergibt? 1500 ✓

b) ...größte Zahl, die auf Tausender gerundet
2000 ergibt?

c) ...kleinste Zahl, die auf Zehner gerundet
130 ergibt?

d) ...kleinste Zahl, die auf Hunderter gerundet
500 ergibt?

e) ...kleinste Zahl, die auf Tausender gerundet
10 000 ergibt?

f) ...größte Zahl, die auf Zehner gerundet
10 ergibt?

g) ...größte Zahl, die auf Zehntausender gerundet
20 000 ergibt?

h) ...kleinste Zahl, die auf Zehntausender gerundet
40 000 ergibt?

i) ...größte Zahl, die auf Hunderttausender gerundet 0
ergibt?

I-2 Zeichnerische Darstellung von Zahlen

Übung 4

Name:

Eine kleine Textaufgabe...

Die Spieler des 1. FC Pfostenknackers aus Hinterpfützenhausen haben in den letzten Monaten folgende Anzahl von Toren geschossen:

1. Monat: 7 Tore
2. Monat: 10 Tore
3. Monat: 12 Tore
4. Monat: 8 Tore
5. Monat: 13 Tore
6. Monat: 1 Tor (der Stürmer war leider verletzt!)
7. Monat: 9 Tore

Veranschauliche die Torzahlen in einem Stabdiagramm!

I-2 Zeichnerische Darstellung von Zahlen

Übung 3

Name:

In der Klasse 5c wurden bei der letzten Klassenarbeit folgende Noten erzielt. Lies aus dem Stabdiagramm ab, wie oft die einzelnen Noten vertreten waren.

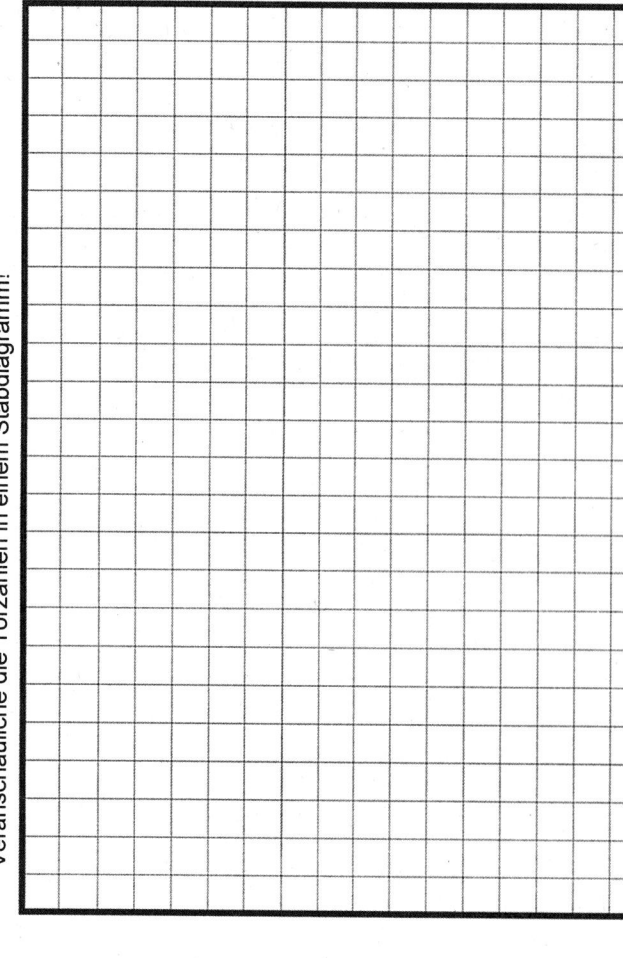

Anzahl der Einser: 3 Schüler

Anzahl der Zweier:

Anzahl der Dreier:

Anzahl der Vierer:

Anzahl der Fünfer:

Anzahl der Sechser:

Lösungen

	Übung 1	Übung 2	Übung 3
a)	130	1500	Anzahl der Einser: 3 Schüler
b)	100	2499	Anzahl der Zweier: 6 Schüler
c)	29 000	125	Anzahl der Dreier: 10 Schüler
d)	28 380	450	Anzahl der Vierer: 7 Schüler
e)	1 830 000	9500	Anzahl der Fünfer: 3 Schüler
f)	20 000	14	Anzahl der Sechser: 1 Schüler
g)	1800	24 999	
h)	99 000	35 000	
i)	0	f49 999	

Lösungen

Übung 4

Spiel: Fadenkarte

Spielvorbereitung

1) Schneide die Vorder- und Rückseite der Fadenkarte mit einer <u>Schere</u> aus.
2) Klebe die beiden Seiten mit einem <u>Papierkleber</u> aufeinander.
3) Klebe das Ende einer <u>Schnur</u> (2 m) mit einem <u>Klebestreifen</u> auf die Rückseite.

Spielbeschreibung

Computer-Dateien werden in der Regel mit Buchstaben und Zahlen benannt. Beispiele: *Mathe* oder *Schule2000*. Damit man die Dateien schnell finden kann, werden sie (ähnlich wie in einem Lexikon) geordnet: Zunächst zählen die Ziffern von „0" bis „9", anschließend die Buchstaben von „A" bis „Z".

Auf der Fadenkarte findest du an den Seiten 18 Dateinamen. Nimm das Schnurende und führe es durch den unteren Spalt (Start) zur Vorderseite der Fadenkarte. Von dort wird die Schnur über den Spalt, der bei dem ersten Dateinamen steht, wieder zur Rückseite geführt. Zur Vorderseite gelangt die Schnur anschließend wieder über den Spalt mit dem nächsten Dateinamen. In dieser Weise fährst du bis zum letzten Dateinamen fort. Wenn du die Fadenkarte zum Schluss umdrehst, kannst du erkennen, ob du alles richtig gemacht hast: Die Schnurstücke müssen alle auf den schwarzen Linien liegen!

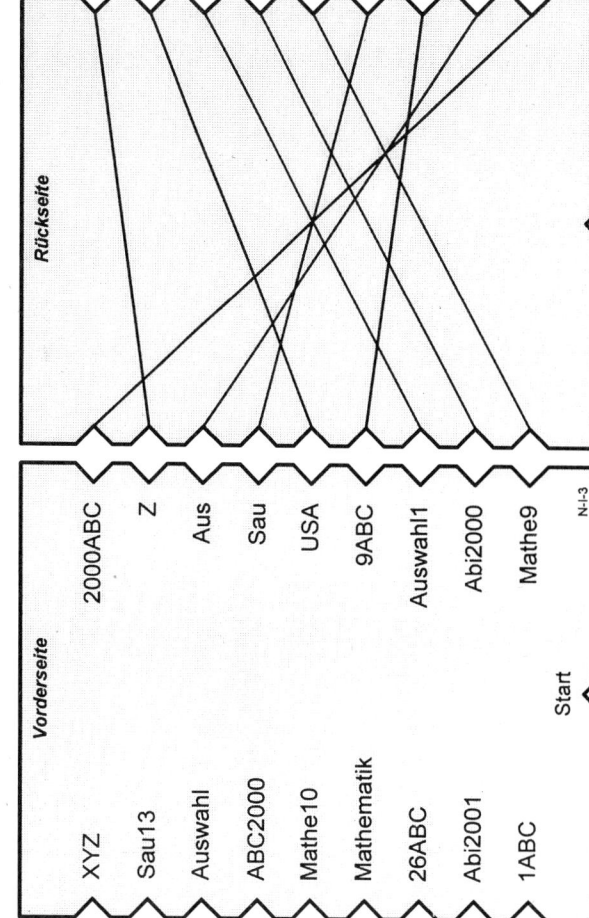

Vorderseite		Rückseite
XYZ	2000ABC	
Sau13	Z	
Auswahl	Aus	
ABC2000	Sau	
Mathe10	USA	
Mathematik	9ABC	
26ABC	Auswahl1	
Abi2001	Abi2000	
1ABC	Mathe9	
Start		

N-I-3

Info

Anordnen

Um Begriffe oder irgendwelche Dinge leichter zu finden, ordnet man sie. In einem Lexikon werden die Wörter zum Beispiel nach dem Alphabet geordnet. In der Fußball-Bundesliga sind die Mannschaften danach geordnet, wie erfolgreich sie in der Saison gespielt haben. Auch unsere natürlichen Zahlen sind nach ihrer Größe geordnet.

Manche Dinge lassen sich nach verschiedenen Vorschriften ordnen. Die Schüler einer Klasse könnte man beispielsweise nach dem Alter, der Größe oder dem Gewicht ordnen.

Häufigkeitstabelle

Mit einer Häufigkeitstabelle kann man übersichtlich angeben, wie häufig etwas eingetreten ist. Werden beispielsweise die Noten einer Klassenarbeit:

1; 4; 2; 3; 2; 4; 3; 3; 1; 5; 2; 2; 3; 1; 2; 3; 4; 2; 2; 3; 3; 4; 2; 1; 3; 4; 2; 5; 1

mit einer Häufigkeitstabelle dargestellt, so kann man die Notenverteilung viel besser erkennen:

Note	1	2	3	4	5	6
Häufigkeit	5	9	8	5	2	0

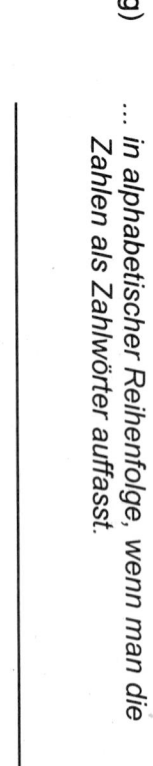

Name: _____

Ordne die Zahlen 23 984, 3 111 111, 443, 8 ...

a) ... *nach der Größe.*

    _____

b) ... *nach der Größe der ersten Ziffer.*

    _____

c) ... *nach der Größe der letzten Ziffer.*

    _____

d) ... *nach der Größe der mittleren Ziffer.*

    _____

e) ... *nach der Anzahl der Stellen.*

    _____

f) ... *nach der Quersumme*
    (Summe der einzelnen Ziffern).

    _____

g) ... *in alphabetischer Reihenfolge, wenn man die*
    Zahlen als Zahlwörter auffasst.

    _____

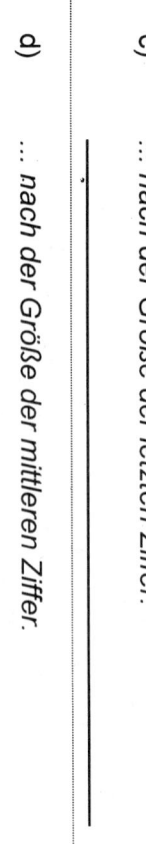

Name: _____

Ergänze die jeweils drei nächsten Zahlen der folgenden Zahlenfolgen.

a) 5, 7, 9, 11, 13, *15, 17, 19* ✓

b) 14, 12, 10, 8, ___, ___, ___

c) 2, 4, 8, 16, 32, ___, ___, ___

d) 1, 2, 4, 7, 11, 16, 22, ___, ___, ___

e) 1, 4, 9, 16, 25, ___, ___, ___

f) 33, 32, 30, 29, 27, 26, ___, ___, ___

g) 1, 1, 2, 6, 24, ___, ___, ___

h) 5, 10, 30, 60, 180, ___, ___, ___

i) 1, 6, 30, 120, ___, ___, ___

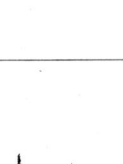

Übung 4

Name: _____

Fülle mit der angegebenen Hobby-Liste die unten stehende Häufigkeitstabelle aus!

Hobby–Liste

Schüler	Hobbys
Steffen	Tennis, Computer
Melanie	Klavier, Pferde
Philipp	Fußball, Trompete
Sarah	Fußball, Computer
Anne	Mathematik
Sandra	Klavier, Pferde
Daniel	Fußball, Computer, Flöte
Arne	Computer
Matthias	Fußball, Trompete
Lena	Fußball, Gitarre
Katrin	Leichtathletik

Häufigkeitstabelle

Hobby	Sport	Pferde	Musik	Computer	Mathe !
Häufigkeiten					

Übung 3

Name: _____

Ein wichtiger Spruch für die Schule...

„Macht der Lehrer einmal schlapp –
sind die Kinder schon auf Trab!"

a) Fülle die beiden unten stehenden Häufigkeitstabellen aus!

b) Bestimme aus der zweiten Häufigkeitstabelle, aus wie vielen Buchstaben der Spruch besteht!

Häufigkeitstabelle 1

Buchstaben	a	e	i	o	u
Häufigkeiten					

Häufigkeitstabelle 2

Buchstaben	Selbstlaute	Mitlaute
Häufigkeiten		

Lösungen

	Übung 1 	Übung 2
a)	3 111 111 23 984 443 8	...15, 17, 19
b)	443 3 111 111 23 984 8	...6, 4, 2
c)	23 984 443 3 111 111 8	...64, 128, 256
d)	3 111 111 443 8 23 984	...29, 37, 46
e)	3 111 111 23 984 443 8	...36, 49, 64
f)	23 984 443 3 111 111 8	...24, 23, 21
g)	3 111 111 443 23 984 8	...120, 720, 5040
h)	443 23 984	...360, 1080, 2160
i)		...360, 720, 720

Lösungen

Übung 3

a)

Häufigkeitstabelle 1

Buchstaben	a	e	i	o	u
Häufigkeiten	5	6	4	1	1

Häufigkeitstabelle 2

Buchstaben	Selbstlaute	Mitlaute
Häufigkeiten	17	35

b) Insgesamt besteht der Spruch aus 52 Buchstaben.

Übung 4

Häufigkeitstabelle

Hobby	Sport	Pferde	Musik	Computer	Mathe!
Häufigkeiten	7	2	6	4	1

Spiel: Zahlenbild

Spielbeschreibung

Wenn du die Punkte im Kasten in der richtigen Reihenfolge verbindest, entsteht ein Bild.

Zunächst musst du im Kasten die Zahl finden, die als römisches Zahlzeichen mit XXV dargestellt ist. Von dort geht es zur Zahl, die im Dreiersystem $(1220)_3$ geschrieben wird. In gleicher Weise erhältst du in folgender Reihenfolge die anderen Punkte:

$XXV \Leftrightarrow (1220)_3 \Leftrightarrow (110010)_2 \Leftrightarrow (234)_5 \Leftrightarrow CM \Leftrightarrow XLIV \Leftrightarrow DCCXXXIV \Leftrightarrow (210)_4 \Leftrightarrow C \Leftrightarrow (100)_2 \Leftrightarrow (300)_5 \Leftrightarrow (10100)_3 \Leftrightarrow XCIII \Leftrightarrow (132)_4 \Leftrightarrow (1111)_2 \Leftrightarrow (1000)_4 \Leftrightarrow DCC \Leftrightarrow (123)_4 \Leftrightarrow (122)_3 \Leftrightarrow MM.$

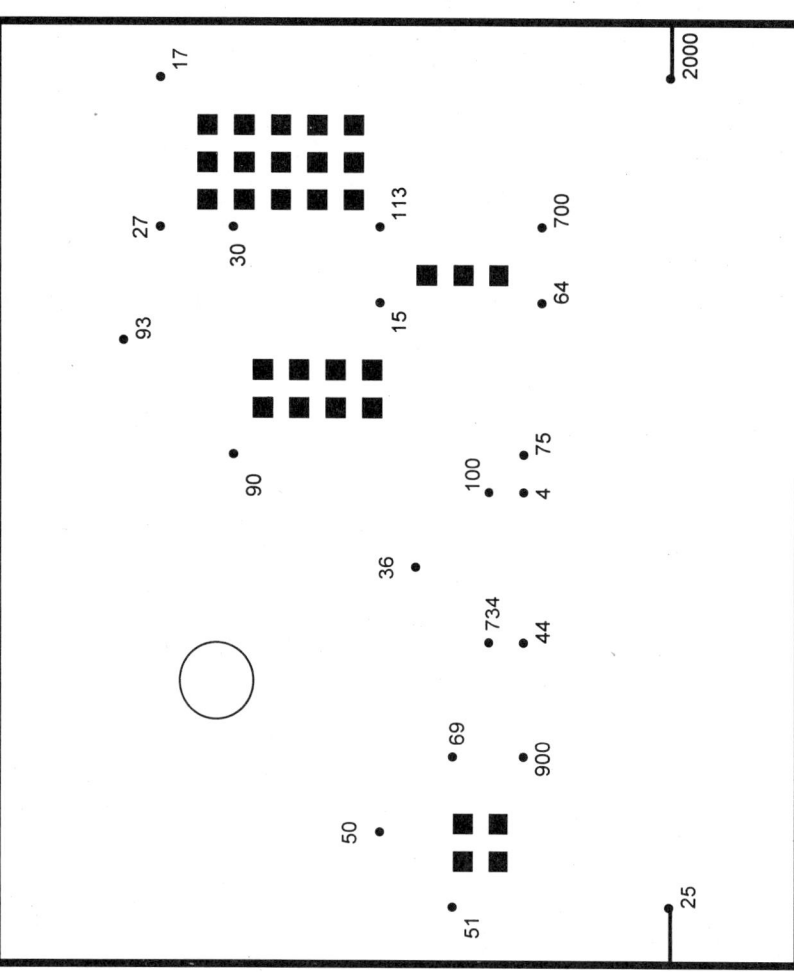

I-4 Stellenwertsysteme und römische Zahlzeichen

Info

Stellenwertsysteme:

Jede Zahl des Zehnersystems lässt sich auch im Zweiersystem darstellen. Dabei gibt die erste Ziffer von rechts an, wie viele Einer die Zahl hat. Die zweite Ziffer gibt die Anzahl der Zweier, die dritte die der Vierer $(= 2\cdot2)$, die vierte die der Achter $(= 2\cdot2\cdot2)$, die nächste die der Sechzehner $(= 2\cdot2\cdot2\cdot2)$ und so weiter an.

Beispiel:

Die Zahl $(10111)_2$ des Zweiersystems hat also 1 Einer, 1 Zweier, 1 Vierer, 0 Achter und 1 Sechzehner. Damit lautet die Zahl im Zehnersystem:

$$1 + 2 + 4 + 16 = 23$$

Damit man erkennen kann, ob eine Zahl im Zweiersystem dargestellt ist, setzt man sie in eine Klammer und schreibt eine kleine „2" dahinter.

Die römischen Zahlen haben folgende Ziffern

$M = 1000, D = 500, C = 100, L = 50, X = 10, V = 5$ und $I = 1$.

Zur Berechnung der römischen Zahlen müssen die beiden Regeln beachtet werden:

1. Steht eine römische Ziffer rechts neben einer gleichen oder höheren, so wird sein Wert addiert.

2. Steht eine der Ziffern I, X oder C vor einer Ziffer mit größerem Wert, dann wird der Wert der Ziffer subtrahiert.

I-4 Stellenwertsysteme
Übung 1

Name: _____

Ein Kuchen wird in gleiche Stücke geteilt. Bestimme jeweils die Winkelweiten der Kuchenstücke.

a) 12 ins Zweiersystem: $(1100)_2$ ✓

b) 31 ins Zweiersystem: _____

c) 65 ins Zweiersystem: _____

d) 100 ins Zweiersystem: _____

e) $(11)_2$ ins Zehnersystem: _____

f) $(10000)_2$ ins Zehnersystem: _____

g) $(110)_2$ ins Zehnersystem: _____

h) 110 ins Zweiersystem: _____

i) $(1100101)_2$ ins Zehnersystem: _____

I-4 Stellenwertsysteme
Übung 2

Name: _____

Übertrage die Zahlen in das angegeben System.

a) 21 ins Dreiersystem: $(210)_3$ ✓

b) 100 ins Fünfersystem: _____

c) $(1000)_3$ ins Zehnersystem: _____

d) $(1010)_5$ ins Zehnersystem: _____

e) 200 ins Dreiersystem: _____

f) $(88)_9$ ins Zehnersystem: _____

g) Der Vorgänger von $(2112)_5$ ins Zehnersystem: _____

h) $(2120)_3$ ins Zweiersystem: _____

i) Der Nachfolger von $(432)_5$ ins Dreiersystem: _____

I-4 Römische Zahlzeichen

Übung 3

Name: ____________________

Übertrage die römischen Zahlzeichen ins Zehnersystem.

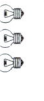

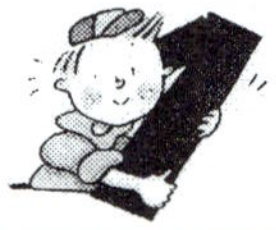

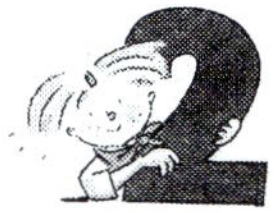

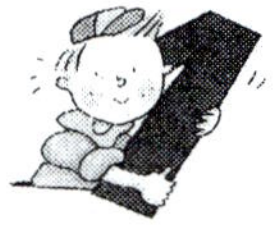

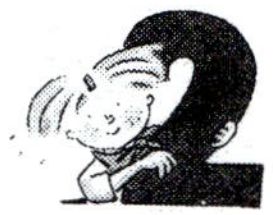

a) XXIX = 10 + 10 + 9 = 29 ✓

b) IV =

c) XXXVIII =

d) LXXI =

e) CCLXIX =

f) DCLXVI =

g) CDXXIII =

h) CMXC =

i) MMDCCVIII =

I-4 Römische Zahlzeichen

Übung 4

Name: ____________________

Schreibe die Zahlen als römische Zahlzeichen.

a) 123 = 100 + 10 + 10 + 1 + 1 + 1 = CX

b) 35 =

c) 119 =

d) 368 =

e) 298 =

f) 49 =

g) 678 =

h) 822 =

i) 1937 =

I-4 Stellenwertsysteme und Römische Zahlzeichen

Lösungen

	Übung 1	Übung 2	Übung 3	Übung 4
a)	$(1100)_2$	$(210)_3$	29	CXXIII
b)	$(11111)_2$	$(400)_5$	4	XXXV
c)	$(1000001)_2$	27	38	CXIX
d)	$(1100100)_2$	130	71	CCCLXVIII
e)	3	$(21102)_3$	269	CCXCVIII
f)	16	80	666	IL
g)	6	281	423	DCLXXVIII
h)	$(1101110)_2$	$(1000101)_2$	990	DCCCXXII
i)	101	$(11100)_3$	2708	MCMXXXXVII

© Als Kopiervorlage freigegeben. Ernst Klett Verlag GmbH, Stuttgart 2001

I-4 Stellenwertsysteme und Römische Zahlzeichen

Lösungen

	Übung 1	Übung 2	Übung 3	Übung 4
a)	$(1100)_2$	$(210)_3$	29	CXXIII
b)	$(11111)_2$	$(400)_5$	4	XXXV
c)	$(1000001)_2$	27	38	CXIX
d)	$(1100100)_2$	130	71	CCCLXVIII
e)	3	$(21102)_3$	269	CCXCVIII
f)	16	80	666	IL
g)	6	281	423	DCLXXVIII
h)	$(1101110)_2$	$(1000101)_2$	990	DCCCXXII
i)	101	$(11100)_3$	2708	MCMXXXXVII

© Als Kopiervorlage freigegeben. Ernst Klett Verlag GmbH, Stuttgart 2001

Protokoll

Einheit		Blatt	🕐 ...	Datum	😐 zu leicht	🙂 genau richtig	😟 zu schwer	Lehrer/-in
II-1	Messen von Längen	Info						
		Spiel						
		Übung 1						
		Übung 2						
		Übung 3						
		Übung 4						
II-2	Messen mit der Waage und mit der Uhr	Info						
		Spiel						
		Übung 1						
		Übung 2						
		Übung 3						
		Übung 4						
II-3	Bruchteile im Alltag	Info						
		Spiel						
		Übung 1						
		Übung 2						
		Übung 3						
		Übung 4						
II-4	Vermischte Aufgaben	Info						
		Spiel						
		Übung 1						
		Übung 2						
		Übung 3						
		Übung 4						

II Messen mit natürliche Zahlen

Info

Größen

Im Alltag wird häufig mit Größen gerechnet. Hierzu zählen zum Beispiel Längen, Gewichte, Währungen oder auch Zeiten.

Eine Größenangabe erkennt man daran, dass sie eine Maßzahl und eine Maßeinheit besitzt. So hat beispielsweise der unten abgebildete Brich die Länge 5 cm. Hierbei ist „5" die Maßzahl und „cm" die Maßeinheit.

Längen

Die üblichen Maßeinheiten für eine Länge sind mm (Millimeter), cm (Zentimeter), dm (Dezimeter), m (Meter) und km (Kilometer).

Es gilt:

$$1 \, km = 1000 \, m = 10\,000 \, dm = 100\,000 \, cm = 1\,000\,000 \, m$$

$$1 \, m = 10 \, dm = 100 \, cm = 1000 \, mm$$

$$1 \, dm = 10 \, cm = 100 \, mm$$

$$1 \, cm = 10 \, mm$$

Spiel: Der Längen-Rundlauf

Spielbeschreibung

Dieses Spiel könnt ihr zu zweit oder dritt spielen.

Zu Beginn setzt ihr eure Spielfiguren auf das Startfeld. Nun bestimmt der erste Spieler mit einem Würfel die Anzahl der Felder, die er mit seiner Spielfigur im Uhrzeigersinn vorrücken darf. Steht auf dem Zielfeld eine Messvorschrift (graue Felder), so muss der Schüler diese Anweisung (zum Beispiel mit einem Meter-maß) ausführen. Die gemessene Länge wird aufgeschrieben. Anschließend ist der nächste Schüler am Zug. In dieser Form messt und sammelt ihr unterschiedliche Längen mit dem Ziel, in der Summe eine möglichst große Gesamtlänge zu erhalten.

Kommt eure Figur auf ein weißes Feld, müsst ihr die angegebene Vorschrift befolgen.

Gewonnen hat der Schüler, der nach einer vorher vereinbarten Zeit die größte Gesamtlänge sammeln konnte.

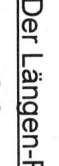

Start

- Gehe zwei Felder zurück
- Miss die Länge deines Füllers
- Noch einmal würfeln
- Miss die Länge deines Heftes
- Runde deine Gesamtlänge auf ganze Dezimeter
- Noch einmal würfeln
- Miss die Länge deines Lineals
- Subtrahiere 5 dm von deiner Gesamtlänge
- Miss die Länge deines Zeigefingers
- Miss die Breite deines Heftes
- Miss die Höhe deines Tisches
- Runde deine Gesamtlänge auf ganze Meter
- Miss die Breite deiner Hand
- Eine Runde aussetzen
- Addiere 10 cm zu deiner Gesamtlänge
- Miss die Länge deines Füllers
- Eine Runde aussetzen

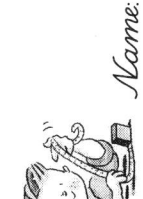

II-1 Messen von Längen

Übung 1

Name: ______________________

Rechne die Länge in die jeweils angegebene Größe um.

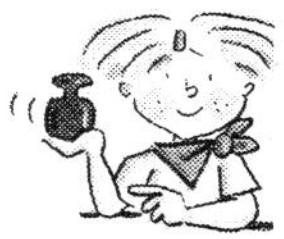

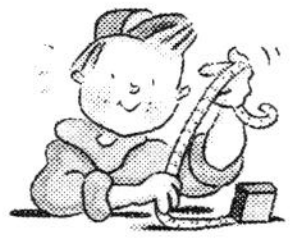

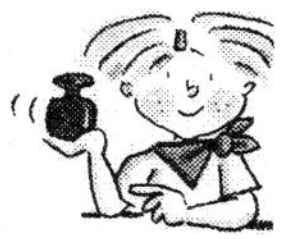

a) 1000 *cm* = 10 *m* ✓

b) 1,2 *cm* = ________ *mm*

c) 10 000 000 *mm* = ________ *km*

d) 500 *dm* = ________ *mm*

e) 4500 *m* = ________ *dm*

f) 500 *m* = ________ *km*

g) 20 *cm* = ________ *m*

h) 471 *cm* = ________ *m*

i) 1,9 *km* = ________ *m*

II-1 Messen von Längen

Übung 2

Name: ______________________

Schreibe jeweils mit möglichst kleiner natürlicher Maßzahl.

a) 2000 *m* = 2 *km* ✓

b) 130 *dm* =

c) 8433 *mm* =

d) 140 000 000 *mm* =

e) 2300 *mm* =

f) 52 010 *cm* =

g) 37,7 *m* =

h) 1,23 *m* =

i) 5,210 *m* =

II-1 Messen von Längen

Übung 3

Name: _____

Berechne die folgenden Ausdrücke.

a) $1\ cm - 1\ mm = 10\ mm - 1\ mm = \underline{9\ mm}$ ✓

b) $120\ cm + 13\ dm =$

c) $42\ km - 3000\ m =$

d) $20\ dm - 150\ cm =$

e) $2000\ mm - 1\ m =$

f) $12\ km + 30\ 000\ dm =$

g) $1\ km - 250\ m =$

h) $23\ dm - 30\ cm + 5\ dm =$

i) $1\ dm - 1\ cm - 1\ mm =$

II-1 Messen von Längen

Übung 4

Name: _____

Auf der unten abgebildeten Skizze findest du die vier Städte A-dorf, B-stadt, C-hausen und D-heim (Anfangsbuchstaben in Kreise) und deren Entfernungen dargestellt.

a) Bestimme die Länge der Strecke von A-dorf über B-stadt nach C-hausen.

b) Will man von B-stadt nach D-hausen gehen, so macht man einen Umweg, wenn man dabei auch noch über A-dorf oder C-hausen geht. Wie groß sind jeweils die Umwege?

c) Wie lang ist der kürzeste Weg, um von A-dorf alle anderen Städte zu besuchen?

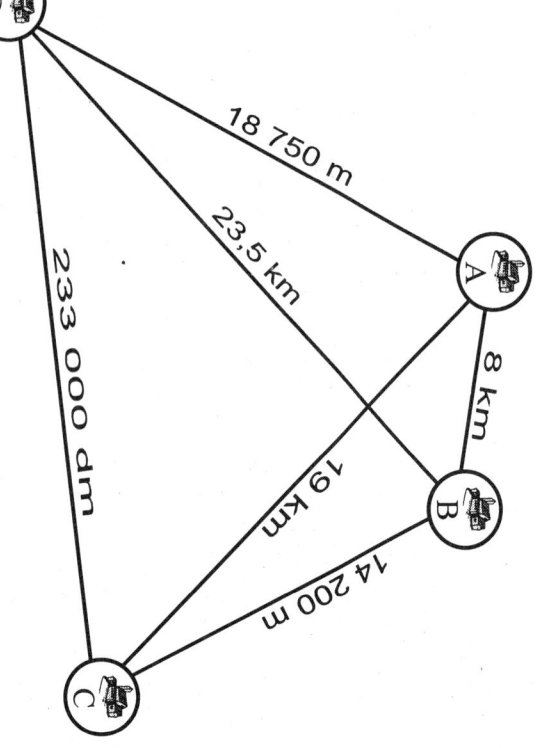

18 750 m

23,5 km

8 km

19 km

14 200 m

233 000 dm

Lösungen

	Übung 1	Übung 2	Übung 3	Übung 4
a)	10 m	2 km	9 mm	22,2 km = 22 200 m
b)	12 mm	13 m	25 dm	3250 m (A) 14 km (C)
c)	10 km	8433 mm	39 km	45,5 km
d)	50 000 mm	140 km	5 dm	
e)	45 000 dm	23 dm	1 m	
f)	0,5 km	5201 dm	15 km	
g)	0,2 m	377 dm	750 m	
h)	4,71 m	1234 mm	25 dm	
i)	1900 m	521 cm	89 mm	

II-1 Messen von Längen

Lösungen

	Übung 1	Übung 2	Übung 3	Übung 4
a)	10 m	2 km	9 mm	22,2 km = 22 200 m
b)	12 mm	13 m	25 dm	3250 m (A) 14 km (C)
c)	10 km	8433 mm	39 km	45,5 km
d)	50 000 mm	140 km	5 dm	
e)	45 000 dm	23 dm	1 m	
f)	0,5 km	5201 dm	15 km	
g)	0,2 m	377 dm	750 m	
h)	4,71 m	1234 mm	25 dm	
i)	1900 m	521 cm	89 mm	

© Als Kopiervorlage freigegeben. Ernst Klett Verlag GmbH, Stuttgart 2001

Gewichte

Die üblichen Maßeinheiten für Gewichte sind t (Tonne), kg (Kilogramm), g (Gramm) und mg (Milligramm).

Es gilt:

$$1\,t = 1000\,kg = 1\,000\,000\,g = 1\,000\,000\,000\,mg$$
$$1\,kg = 1000\,g = 1\,000\,000\,mg$$
$$1\,g = 1000\,mg$$

Zeitspannen

Die üblichen Maßeinheiten für eine Zeitspanne sind d (Tag), h (Stunde), min (Minute) und s (Sekunde).

Es gilt:

$$1\,d = 24\,h = 1440\,min = 86\,400\,s$$
$$1\,h = 60\,min = 3600\,s$$
$$1\,min = 60\,s$$

Spielbeschreibung

Im unteren Bild sind sieben Kästen abgebildet, die verschiedene Gegenstände enthalten. Da die Kästen fest verschlossen sind, kannst du ihren Inhalt nur mit deren Gewichten bestimmen: Findest du diejenigen Wägestücke, deren Gesamtgewicht dem auf dem Kasten angegebenen Gewicht entspricht, ergeben die dazugehörigen Buchstaben den gesuchten Gegenstand.

Aber Vorsicht! Das Gewicht eines Gegenstandes lässt sich auf zwei verschiedene Arten mit den Wägestücken zusammenstellen. Hier musst du diejenige wählen, die den gesuchten Gegenstand liefert.

Kasten 1	Kasten 2	Kasten 3	Kasten 4
36 g	86 g	181 g	361 g

Kasten 5	Kasten 6	Kasten 7
610 g	731 g	20,1 kg

Wägestücke:

20 kg	0,7 kg	250 g	250 g	100 g	50 g
I	R	L	L	B	C

30 g	15 g	10 g	5000 mg	1000 mg
H	S	A	T	U

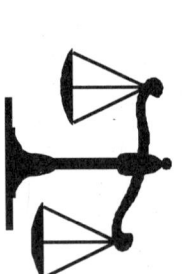

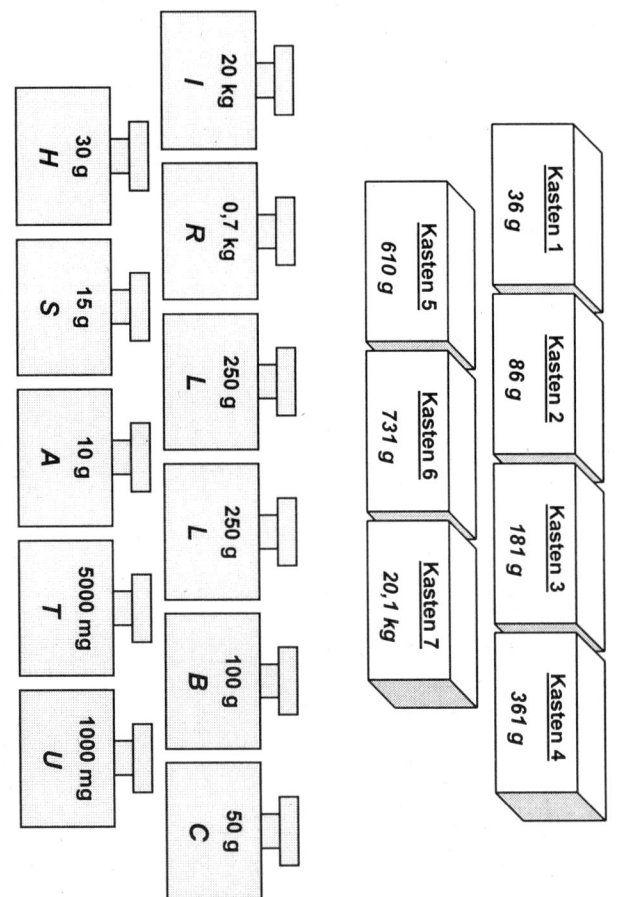

Übung 2

Name:

Ein **Mathematik-Lehrer** möchte mit seinen Schülern in einem Aufzug fahren. **Jedes Kind wiegt 35 kg während der Lehrer 75 kg wiegt.**

a) Welches Gewicht muss der Aufzug halten können, wenn der Lehrer mit 5 Schülern im Aufzug fährt?

b) Welches Gewicht muss der Aufzug halten können, wenn der Lehrer mit der ganzen Klasse (30 Schüler!) fährt? (Oh je!)

c) Wie viele Kinder dürften den Lehrer im Aufzug höchstens begleiten, wenn das Höchstgewicht mit 500 kg beschränkt ist?

Rechnung:

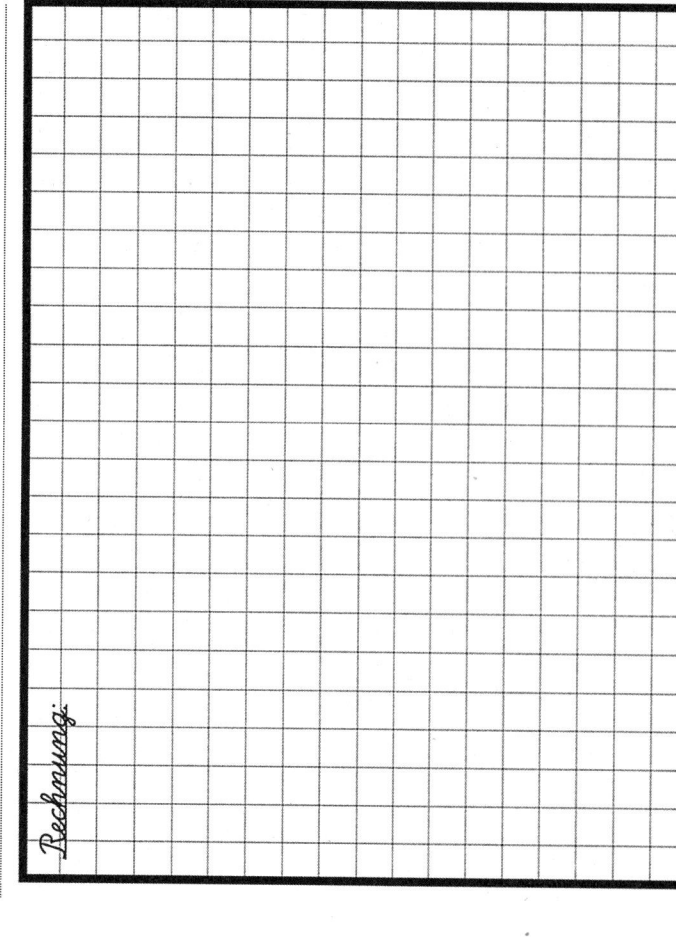

Übung 1

Name:

Auf den abgebildeten Wägestücken ist jeweils ein Gewicht angegeben.
Rechne die Gewichtsangaben jeweils in die unten angegebene Größe um.

a
1000 kg
1 _____ t

b
31000 mg
_____ g

c
12 kg
_____ g

d
750 000 000 g
_____ t

e
1 kg 500 g
_____ g

f
3 t 200 kg
_____ kg

g
1 kg
_____ mg

h
1 t 10 kg
_____ kg

i
20 g 20 mg
_____ mg

31

Name:

Rechne die Länge in die jeweils angegebene Größe um.

a) 2 h = ___120___ min ✓

b) 300 min = _____ h

c) 2 min = _____ s

d) 3600 s = _____ h

e) 1 d = _____ min

f) 2 h = _____ s

g) 72 h = _____ d

h) 1 h 10 min = _____ min

i) 1 h 20 min = _____ s

Name:

Und noch ein paar kleine Textaufgaben.

a) Eine U-Bahn benötigt von Station zu Station jeweils 2 min 20 s Fahrtzeit. Die Strecke hat 7 Stationen, und an jeder Station beträgt die Aufenthaltsdauer 45 s. Berechne die Gesamtfahrtzeit.

b) Ein Schüler hat pro Woche 30 Unterrichtsstunden mit je 45 Minuten. Wie lange ist er in einer Woche in der Schule, wenn er jeden Tag eine lange Pause (20 Minuten) und vier kurze Pausen (je 5 Minuten) hat?

c) Ein Telefongespräch kostet vor 18:00 Uhr 6 Cent und nach 18:00 Uhr 4 Cent pro Minute. Wie teuer ist ein Gespräch, das von 17:48 Uhr bis 18:17 Uhr geführt wird? Wann hätte man das Gespräch beenden müssen, damit es genau 2 € kostet?

Rechnung:

32

II-2 Messen mit Waage und Uhr

Lösungen

	Übung 1	Übung 2	Übung 3	Übung 4
a)	1 t	250 kg	120 min	1065 s = 17min 45s
b)	31 g	1125 kg	5 h	1550 min = 1d 1h 50 min
c)	12 000 g	12 Schüler	120 s	1,40 € 18:32 Uhr
d)	750 t		1 h	
e)	1500 g		1440 min	
f)	3200 kg		7200 s	
g)	1 000 000 mg		3 d	
h)	1010 kg		70 min	
i)	20 020mg		4800 s	

II-2 Messen mit Waage und Uhr

Lösungen

	Übung 1	Übung 2	Übung 3	Übung 4
a)	1 t	250 kg	120 min	1065 s = 17min 45s
b)	31 g	1125 kg	5 h	1550 min = 1d 1h 50 min
c)	12 000 g	12 Schüler	120 s	1,40 € 18:32 Uhr
d)	750 t		1 h	
e)	1500 g		1440 min	
f)	3200 kg		7200 s	
g)	1 000 000 mg		3 d	
h)	1010 kg		70 min	
i)	20 020mg		4800 s	

© Als Kopiervorlage freigegeben. Ernst Klett Verlag GmbH, Stuttgart 2001

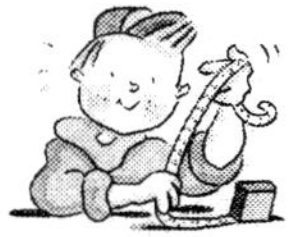

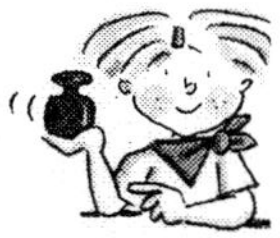

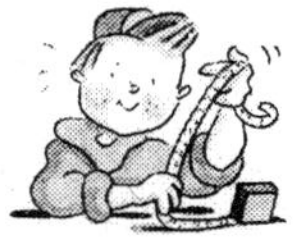

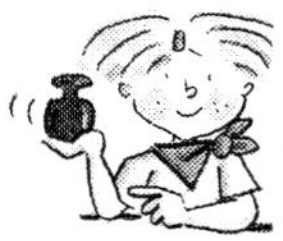

Größen werden manchmal auch als Bruchteile angegeben. Statt 500 m kann man auch $\frac{1}{2}$ km (einen halben Kilometer) schreiben. Die 2 gibt an, dass man den Kilometer in 2 gleiche Teile teilt. Genauso gilt:

$$\frac{1}{4}\,h = 15\,min \quad \text{(eine Viertelstunde) oder}$$

$$\frac{1}{8}\,kg = 125\,g \quad \text{(ein Achtel Kilogramm).}$$

Werden mehrere Bruchteile zusammengenommen, zum Beispiel
$\frac{1}{4}\,h + \frac{1}{4}\,h + \frac{1}{4}\,h$, so kann man auch $\frac{3}{4}\,h$ schreiben.
Genauso gilt:

$$\frac{3}{4}\,kg = 750\,g \quad oder \quad \frac{3}{4}\,m = 75\,cm$$

$$1\frac{3}{4}\,kg \quad steht\ für \quad 1\,kg + \frac{3}{4}\,kg$$

Genauso gilt: $1\frac{1}{2}\,h = 90\,min$ oder $2\frac{1}{4}\,kg = 2250\,g$.

Spielbeschreibung

Dieses Spiel könnt ihr zu zweit spielen.
Zur Vorbereitung schneidet ihr die unten abgebildeten 18 Domino-Steine entlang den gedruckten Linien aus. Anschließend müsst ihr versuchen, die Dominosteine (wie bei einem normalen Domino) so in eine geschlossene Kette zu legen, dass die Größen auf angrenzenden Steinen übereinstimmen.
Wenn ihr richtig rechnet, bleibt kein Stein übrig.

N-II-3		N-II-3		N-II-3	
1375 m	$\frac{2}{4}\,km$	**15 min**	$\frac{3}{4}\,h$	**125 m**	$1\frac{3}{8}\,km$
10 min	$1\frac{1}{6}\,h$	**10 g**	$1\frac{1}{10}\,kg$	**2500 g**	$2\frac{1}{4}\,km$
15 cm	$\frac{1}{8}\,km$	**500 m**	$1\frac{1}{2}\,km$	**1100 g**	$\frac{1}{4}\,h$
250 m	$\frac{1}{4}\,h$	**70 min**	$\frac{1}{10}\,kg$	**20 min**	$\frac{1}{6}\,h$
90 min	$\frac{1}{5}\,kg$	**100 g**	$\frac{1}{100}\,kg$	**1500 m**	$\frac{1}{3}\,h$
135 min	$1\frac{1}{2}\,dm$	**200 g**	$2\frac{1}{2}\,kg$	**75 cm**	$1\frac{1}{2}\,h$

Füge das richtige Relationszeichen (<, > oder =) ein.

a) $\dfrac{1}{4}\,h\ >\ 10\,min$ ✓

b) $\dfrac{3}{4}\,h$ _____ $50\,min$

c) $\dfrac{3}{4}\,h$ _____ $\dfrac{2}{3}\,h$

d) $\dfrac{2}{4}\,h$ _____ $\dfrac{1}{2}\,h$

e) $\dfrac{1}{10}\,dm$ _____ $\dfrac{2}{100}\,m$

f) $1\dfrac{1}{4}\,h$ _____ $60\,min$

g) $100\,min$ _____ $1\dfrac{1}{2}\,h$

h) $\dfrac{1}{4}\,km$ _____ $\dfrac{1}{5}\,km$

i) $\dfrac{1}{4}\,km$ _____ $\dfrac{2}{5}\,km$

Forme in die angegebene Größe um.

a) $\dfrac{1}{4}\,h\ =\ 15$ _____ min ✓

b) $\dfrac{1}{2}\,h\ =$ _____ min

c) $\dfrac{3}{4}\,h\ =$ _____ min

d) $\dfrac{1}{10}\,dm\ =$ _____ cm

e) $\dfrac{1}{1000}\,t\ =$ _____ kg

f) $\dfrac{1}{6}\,min\ =$ _____ s

g) $1\,dm\ =$ _____ m

h) $1\,min\ =$ _____ h

i) $\dfrac{1}{1\,000\,000}\,km\ =$ _____ mm

Name: _____

Und dann wären da noch ein paar lustige kleine Textaufgaben:

a) Susi Sportskanone läuft zum 1½ km entfernt gelegenen Sportstadion, rennt dort 5 Runden mit je 400 Metern, und läuft anschließend wieder nach Hause. Welche Strecke ist Susi insgesamt gelaufen?

b) Sven Schlaufuchs packt in seinen Schulranzen sein Mathebuch (1½ kg), sein Deutschbuch (¾ kg) und Englischbuch (½ kg) und fünf Schulhefte (je 100 g). Welches Gewicht hat der gepackte Ranzen, wenn er ohne Inhalt 900 g wiegt?

c) Rudi Raser macht bei seiner Wanderung alle 1¼ Stunden eine Pause von je 10 Minuten. Wie lange dauert seine Wanderung, wenn er insgesamt 3 Pausen einlegt?

Rechnung:

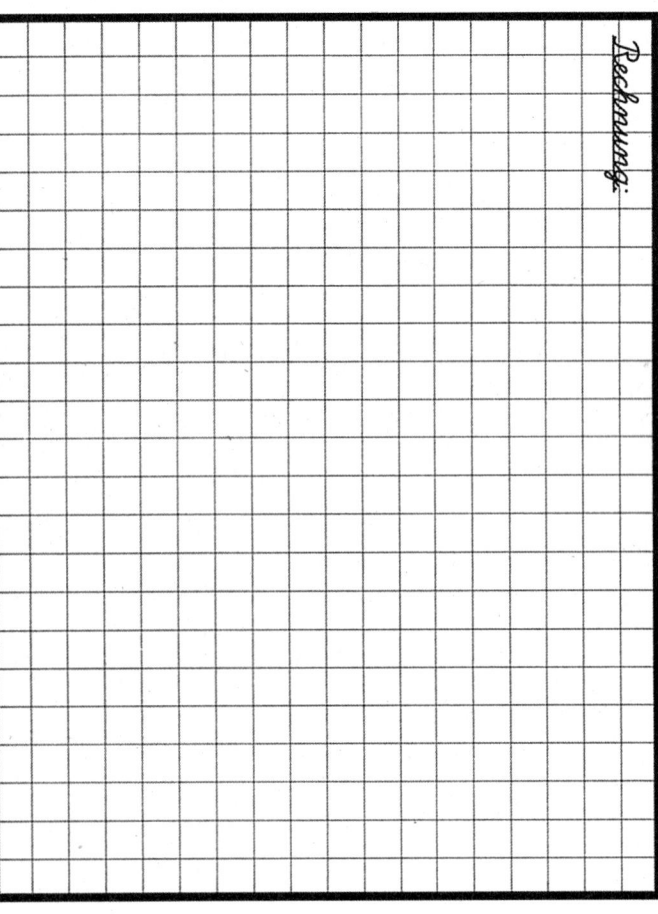

Name: _____

Berechne die folgenden Größen.

a) $\dfrac{1}{4} h + 10 \min = 15 \min + 10 \min + 10 \min = \underline{\underline{25 \min}}$ ✓

b) $\dfrac{1}{2} h - 20 \min =$

c) $\dfrac{1}{10} dm + 5 cm =$

d) $\dfrac{1}{2} cm + \dfrac{3}{2} cm =$

e) $\dfrac{1}{4} m \cdot 4 =$

f) $1\dfrac{1}{2} h : 5 =$

g) $2\dfrac{1}{2} h + 1\dfrac{1}{2} h =$

h) $20 \, dm + 1\dfrac{1}{2} m =$

i) $2\dfrac{1}{3} h + 2\dfrac{1}{2} h =$

II-3 Bruchteile im Alltag

Lösungen

	Übung 1	Übung 2	Übung 3	Übung 4
a)	15 min	>	5 km	25 min
b)	30 min	<	4150 g	10 min
c)	45 min	>	330 min	6 cm
d)	1 cm	=		2 cm
e)	1 kg	<		1 m
f)	10 s	>		18 min
g)	$\frac{1}{10}\,m$	<		4 h
h)	$\frac{1}{60}\,min$	>		35 dm
i)	1 mm	<		290 min

II-3 Bruchteile im Alltag

Lösungen

	Übung 1	Übung 2	Übung 3	Übung 4
a)	15 min	>	5 km	25 min
b)	30 min	<	4150 g	10 min
c)	45 min	>	330 min	6 cm
d)	1 cm	=		2 cm
e)	1 kg	<		1 m
f)	10 s	>		18 min
g)	$\frac{1}{10}\,m$	<		4 h
h)	$\frac{1}{60}\,min$	>		35 dm
i)	1 mm	<		290 min

© Als Kopiervorlage freigegeben. Ernst Klett Verlag GmbH, Stuttgart 2001

In einigen Ländern gibt es andere Längeneinheiten. In den USA werden zum Beispiel folgende Längeneinheiten verwendet:

1 mile = 1609 m
1 yard = 91,44 cm
1 foot = 30,48 cm
1 inch = 2,54 cm

Wie bei uns, kann man die Einheiten auch in den USA umrechnen:

1 yard = 3 feet (feet = Mehrzahl von foot)
1 foot = 12 inches

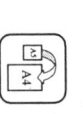

Spielbeschreibung

Dieses Spiel könnt ihr zu zweit oder dritt spielen.

Jeder Spieler stellt eine Spielfigur auf das Startfeld. Reihum bestimmt ihr mit einem Würfel die Anzahl der Felder, die eure Figur ziehen darf. Gelangt eure Figur so auf ein Feld, auf dem eine Länge steht, könnt ihr diese auf euer Konto verbuchen. Gelangt eure Figur auf ein Pause-Feld müsst ihr in der nächsten Runde leider aussetzen. Bei einem Würfel-Feld dürft ihr noch einmal würfeln. Sobald eure Gesamtlänge auf eurem Konto ausreicht, um die Strecke zu einer der angegebenen Städte zurückzulegen, könnt ihr die Stadt als „besucht" mit einem Stift eurer Farbe durchkreuzen; sie ist damit für deine Mitspieler gesperrt. Bei den Entfernungsangaben müsst ihr beachten, dass die Strecken bei den Städten in der Einheit *miles* angegeben sind (vergleiche Info-Blatt). Die für einen „Besuch" zurückgelegte Strecke müsst ihr natürlich von eurem Konto abziehen. Gewonnen hat der Schüler, der die meisten Städte besuchen konnte.

(Wenn ihr die Umrechnungen vereinfachen wollt, könnt ihr mit der Näherung: 1 mile ≈ 1600 m rechnen.)

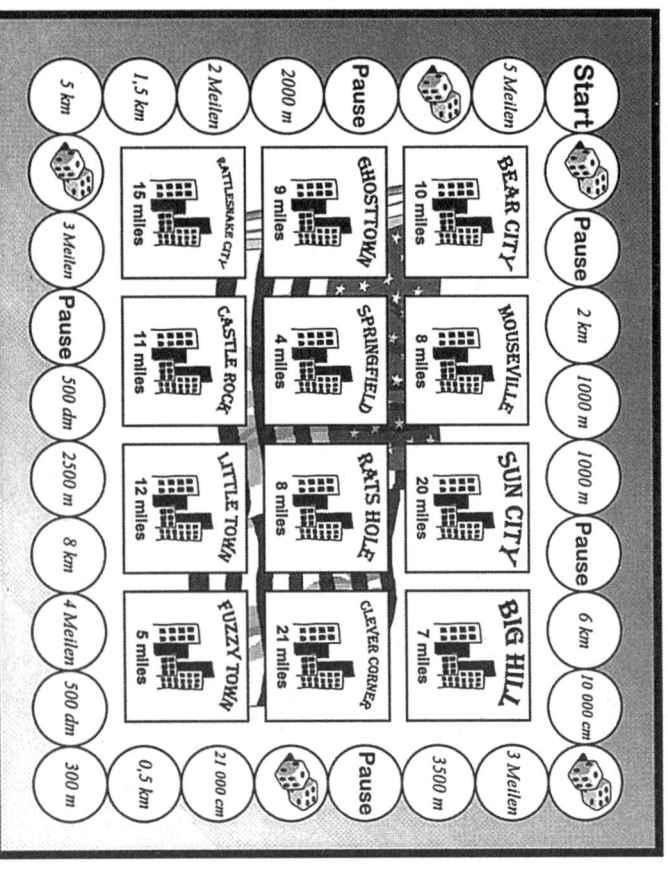

II-4 Vermischte Aufgaben

Übung 1

Name: _____

Schreibe die folgenden Größen mit einer möglichst kleinen natürlichen Maßzahl.

a) 20 000 kg = _20 t_ ✓

b) 300 s =

c) 430 cm =

d) 4000 ct =

e) 90 mm =

f) 620 000 000 mg =

g) 840 min =

h) 10 000 dm =

i) 10 800 s =

II-4 Vermischte Aufgaben

Übung 2

Name: _____

Wie viel fehlt jeweils bis zur nächstgrößeren Einheit?

a) 7 cm + 3 cm = _1 dm_ ✓

b) 52 min + _____ =

c) 10 kg + _____ =

d) 2 mm + _____ =

e) 120 g + _____ =

f) 210 kg + _____ =

g) 5 m + _____ =

h) 18 s + _____ =

i) 3 h + _____ =

Name:

Wie spät ist es...

a) ...eine halbe Stunde nach 16:50 Uhr? __17:20__ Uhr ✓

b) ...eine viertel Stunde nach 12:55 Uhr? _____ Uhr

c) ...eine dreiviertel Stunde nach 17:45 Uhr? _____ Uhr

d) ...eine halbe Stunde nach 13:40 Uhr? _____ Uhr

e) ...vier Stunden nach 22:00 Uhr? _____ Uhr

f) ...zwanzig Minuten nach 18:43 Uhr? _____ Uhr

g) ...eine halbe Stunde nach 23:35 Uhr? _____ Uhr

h) ...neunzig Minuten nach 15:45 Uhr? _____ Uhr

i) ...viereinhalb Stunden nach 23:50 Uhr? _____ Uhr

Name:

Textaufgaben mit dem Fahrplan.

a) Wann kommt man in Hinterpfützenhausen an, wenn man in Kleinknickersdorf den ersten Zug nach 9:00 Uhr nimmt?

b) Wann muss man spätestens in Kleinknickersdorf den Zug nehmen, um noch vor 8:00 Uhr in Hinterpfützenhausen anzukommen? Wie lange dauert die gesamte Fahrt?

c) Wie lange dauert die reine Fahrzeit (ohne Aufenthalt!) bis Hinterpfützenhausen, wenn man in Kleinknickersdorf den Zug um 8:35 Uhr nimmt?

Fahrplan: Kleinknickersdorf → Hinterpfützenhausen

Kleinknickersdorf		Untermupfingen		Hinterpfützenhausen	
an	ab	an	ab	an	ab
6:20	6:22	6:37	6:39	7:11	7:14
6:50	6:52	7:07	7:09	7:41	7:44
7:20	7:22	7:37	7:39	8:11	8:14
7:35	7:37	7:52	6:54	8:26	8:29
7:50	7:52	8:07	8:12	8:44	8:47
8:32	8:35	8:50	8:55	9:27	9:31
9:02	9:05	9:20	9:24	9:56	9:59
9:32	9:35	9:50	9:53	10:25	10:28

II-4 Vermischte Aufgaben

Lösungen

	Übung 1	Übung 2	Übung 3	Übung 4
a)	20 t	7 cm + 3 cm = 1 dm	17:20 Uhr	9:56 Uhr
b)	5 min	52 min + 8 min = 1 h	13:10 Uhr	6:52 Uhr 49 min
c)	43 dm	10 kg + 990 kg = 1 t	18:30 Uhr	47 min
d)	40 €	2 mm + 8 mm = 1 cm	14:10 Uhr	
e)	9 cm	120 g + 880 g = 1 kg	2:00 Uhr	
f)	620 kg	210kg + 790kg = 1 t	19:03 Uhr	
g)	14 h	5 m + 995 m = 1 km	0:05 Uhr	
h)	1 km	18 s + 42 s = 1 min	17:15 Uhr	
i)	3 h	3 h + 21 h = 1 d	4:20 Uhr	

II-4 Vermischte Aufgaben

Lösungen

	Übung 1	Übung 2	Übung 3	Übung 4
a)	20 t	7 cm + 3 cm = 1 dm	17:20 Uhr	9:56 Uhr
b)	5 min	52 min + 8 min = 1 h	13:10 Uhr	6:52 Uhr 49 min
c)	43 dm	10 kg + 990 kg = 1 t	18:30 Uhr	47 min
d)	40 €	2 mm + 8 mm = 1 cm	14:10 Uhr	
e)	9 cm	120 g + 880 g = 1 kg	2:00 Uhr	
f)	620 kg	210kg + 790kg = 1 t	19:03 Uhr	
g)	14 h	5 m + 995 m = 1 km	0:05 Uhr	
h)	1 km	18 s + 42 s = 1 min	17:15 Uhr	
i)	3 h	3 h + 21 h = 1 d	4:20 Uhr	

© Als Kopiervorlage freigegeben. Ernst Klett Verlag GmbH, Stuttgart 2001

III Addieren und Subtrahieren

Protokoll

Einheit	Blatt	Datum	🙂 zu leicht	🙂 genau richtig	🙁 zu schwer	Lehrer/-in
III-1 Addieren	Info					
	Spiel					
	Übung 1					
	Übung 2					
	Übung 3					
	Übung 4					
III-2 Subtrahieren	Info					
	Spiel					
	Übung 1					
	Übung 2					
	Übung 3					
	Übung 4					
III-3 Berechnung von Rechenausdrücken	Info					
	Spiel					
	Übung 1					
	Übung 2					
	Übung 3					
	Übung 4					
III-4 Anwendungen	Info					
	Spiel					
	Übung 1					
	Übung 2					
	Übung 3					
	Übung 4					

Spiel: Die Plus-Pyramiden

Spielbeschreibung

Tja, liebe Kinder, wir befinden uns im alten Ägypten, etwa 4500 Jahre vor unserer Zeit. Unten findet ihr die legendäre Pyramide vom alten König Cheops abgebildet. Gerade bewundert er stolz seine nagelneue Pyramide. Nun ja, und da unser lieber Herr Cheops nicht nur ein mächtiger König, sondern auch ein begeisterter Hobby-Mathematiker war, hat er sich für seine Untertanen ein kleines Rätsel ausgedacht:

„In jeden Stein der untersten Reihe habe ich eine Zahl eingemeißelt. Nun sollt ihr die Zahlen der anderen Steine bestimmen! Diese erhaltet ihr, indem ihr jeweils die Summe der beiden darunter liegenden Zahlen bildet. (Den ersten Stein der zweiten Reihe habe ich in dieser Form schon berechnet: $28 + 35 = 63$).
Wenn ihr so die Zahlen der Steine der Reihe nach berechnet, müsstet ihr für den obersten Stein die Zahl 1461 erhalten. Alles klar?

Euer alter Cheops"

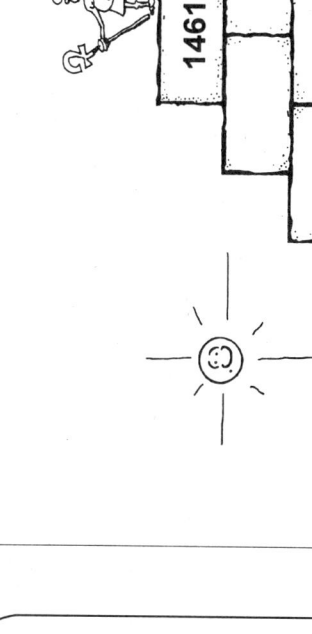

| 28 | 35 | 47 | 51 | 55 | 3 |

(63 / 1461 eingetragen)

Info

Rechengesetze bei der Addition:

1) *Das Kommutativ-Gesetz:*
In einer Summe dürfen Summanden vertauscht werden:

$$15 + 17 = 17 + 15$$

2) *Das Assoziativ-Gesetz:*
In einer Summe dürfen Klammern beliebig umgesetzt werden:

$$(15 + 17) + 13 = 15 + (17 + 13)$$

Mit den Rechengesetzen lassen sich Summen oft einfacher berechnen!

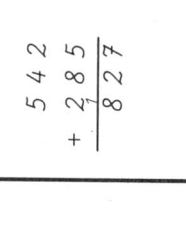

Das schriftliche Addieren:

Beim schriftlichen Addieren schreibt man die Summanden mit den entsprechenden Stellen untereinander. Nun werden zunächst die Einer addiert. Entsteht ein Übertrag (die Zehner), so schreiben wir ihn zu den Zehnern. Anschließend addieren wir die anderen Stellen (Zehner, Hunderter ...) in gleicher Weise.

$$\begin{array}{r} 5\ 4\ 2 \\ +\ 2\ 8\ 5 \\ \hline 8\ 2\ 7 \end{array}$$

III-1 Addieren
Übung 1

Setze erst geschickt die Klammern und berechne dann den Wert der Summe.

a) $25 + 8 + 22 = 25 + (8 + 22) = 25 + 30 = \underline{55}$ ✓

b) $22 + 18 + 81 =$

c) $435 + 65 + 132 =$

d) $1017 + 75 + 3025 =$

e) $254 + 6 + 800 =$

f) $123 + 345 + 55 =$

g) $34 + 26 + 140 =$

h) $175 + 225 + 325 =$

i) $248 + 252 + 219 + 281 =$

III-1 Addieren
Übung 2

Berechne möglichst geschickt.

a) $12 + 81 + 68 + 9 = 12 + 68 + 81 + 9 = 80 + 90 = \underline{170}$ ✓

b) $53 + 42 + 17 + 18 =$

c) $25 + 24 + 60 + 15 + 66 =$

d) $17 + 52 + 83 + 85 + 28 =$

e) $134 + 216 + 32 + 50 =$

f) $25 + 30 + 35 + 50 + 15 =$

g) $37 + 137 + 863 + 63 =$

h) $24 + 11 + 50 + 56 + 9 =$

i) $55 + 44 + 33 + 25 + 17 + 6 =$

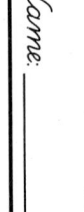

III-1 Addieren

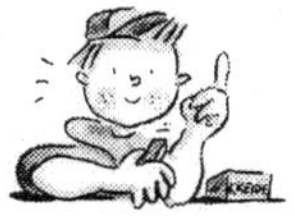

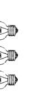

Übung 3 💡💡

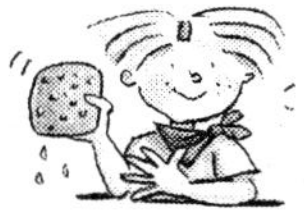

Name: ______________________

Schreibe untereinander und addiere anschließend.

a) 235 + 268 + 353 = 856 ✓

```
  2 3 5
  2 6 8
+ 3 5 3
  1 1
-------
  8 5 6
```

b) 3465 + 1154 + 2340 =

c) 125 435 + 345 766 + 456 656 =

d) 8373 + 23 990 + 299 395 + 84 843 =

III-1 Addieren

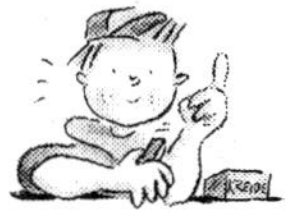

Übung 4 💡💡💡

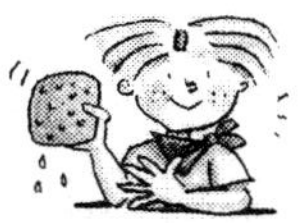

Name: ______________________

Bestimme die fehlenden Ziffern.

a)

```
  2 ☹ 2
+ 😐 8 ☺
-------
  8 2 5
```

☺ = 3 ✓
☹ = 4 ✓
😐 = 5 ✓

b)

```
  8 ☹ 7
+ 😐 3 ☺
--------
1 2 6 7
```

☺ =
☹ =
😐 =

c)

```
  6 ☹ 8
+ 😐 5 ☺
--------
1 1 3 0
```

☺ =
☹ =
😐 =

d)

```
  2 ☹ 2
  2 4 ☺
+ 1 6 8
-------
  😐 4 1
```

☺ =
☹ =
😐 =

III-1 Addieren

Lösungen

	Übung 1 	Übung 2	Übung 3	Übung 4 
a)	55	170	856	☺ = 3 ☒ = 4 ☹ = 5
b)	121	130	6959	☺ = 0 ☒ = 3 ☹ = 4
c)	632	190	927857	☺ = 2 ☒ = 7
d)	4117	265	416601	☺ = 1 ☒ = 3 ☹ = 6
e)	1060	432		☹ = 4
f)	523	155		
g)	200	1100		
h)	725	150		
i)	1000	180		

III-1 Addieren

Lösungen

	Übung 1	Übung 2	Übung 3	Übung 4
a)	55	170	856	☺ = 3 ☒ = 4 ☹ = 5
b)	121	130	6959	☺ = 0 ☒ = 3 ☹ = 4
c)	632	190	927857	☺ = 2 ☒ = 7
d)	4117	265	416601	☺ = 1 ☒ = 3 ☹ = 6
e)	1060	432		☹ = 4
f)	523	155		
g)	200	1100		
h)	725	150		
i)	1000	180		

© Als Kopiervorlage freigegeben. Ernst Klett Verlag GmbH, Stuttgart 2001

Das Zauberquadrat

Spielbeschreibung

In dem unten abgebildeten Zauberquadrat sollen die Summen der Zahlen einer Zeile, einer Spalte und einer Diagonale den gleichen Wert ergeben. Kannst du die richtigen Zahlen in die noch freien Felder schreiben, sodass das Zauberquadrat richtig ist?

69		57	6	
30	54	3	42	66
	15	39		27
12	36			
	72		60	

Info

Das schriftliche Subtrahieren:

Beim schriftlichen Subtrahieren schreiben wir den Subtrahend mit den entsprechenden Stellen unter den Minuend.

Nun werden zunächst die Einer ergänzt. Entsteht ein Übertrag (die Zehner), so schreiben wir diesen zu den Zehnern weiter.

Anschließend ergänzen wir in gleicher Weise die anderen Stellen (Zehner, Hunderter...).

Minuend		Subtrahend

Differenz

$$546 - 352 =$$

$$\begin{array}{r} 5\ 4\ 6 \\ -\ 3\ 5\ 2 \\ \hline 1\ 9\ 4 \end{array}$$

Rechengesetze bei der Subtraktion?

1) Bei der Subtraktion dürfen Minuend und Subtrahend **nicht** vertauscht werden.

$$5 - 3 \neq 3 - 5$$

(Das Kommutativ-Gesetz gilt bei der Subtraktion nicht!)

2) Bei der Subtraktion dürfen die Klammern **nicht** vertauscht werden.

$$7 - (5 - 1) = 7 - 4 = 3$$
$$(7 - 5) - 1 = 2 - 1 = 1$$

(Das Assoziativ-Gesetz gilt bei der Subtraktion nicht!)

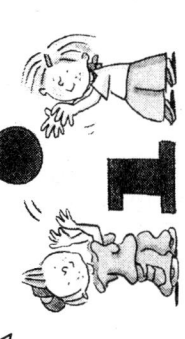

III-2 Subtrahieren
Übung 1

Name: _____

Berechne die folgenden Aufgaben.

a) $250 - 85 = \underline{165} \checkmark$

b) $1500 - 750 =$

c) $1000 - 100 =$

d) $510 - 410 =$

e) $5400 - 420 =$

f) $1000\,000 - 1 =$

g) $25 - 8 - 2 =$

h) $100 - 20 - 15 =$

i) $200 - (100 - 50) =$

III-2 Subtrahieren
Übung 2

Name: _____

Bestimme jeweils die Zahl, die man für die Lachgesichter einsetzen muss ☺.

a) $50 - ☺ = 48$ $\underline{☺ = 2} \checkmark$

b) $16 - ☺ = 5$

c) $43 + ☺ = 72$

d) $23 - 12 = ☺$

e) $100 + ☺ = 210$

f) $254 - ☺ = 190$

g) $320 - 140 = ☺$

h) $141 - ☺ = 0$

i) $141 + ☺ = 1000$

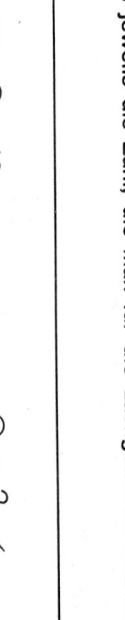

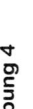

III-2 Subtrahieren

Übung 3

Name:

Berechne die folgenden Aufgaben.

a) $976 - 523 =$ 453 ✓

$$\begin{array}{r} 976 \\ -\ 523 \\ \hline 453 \end{array}$$

b) $677 - 547 =$

c) $10\,024 - 8\,465 =$

d) $100\,000 - 34\,523 - 1\,254 =$

III-2 Subtrahieren

Übung 4

Name:

Berechne die folgenden Aufgaben zu Größen.
(Achte auf die Maßeinheiten!)

a) $566\,€ + 213\,€ - 61\,500\,ct = 164\,€$ ✓

$$\begin{array}{r} 566 \\ +\ 213 \\ \hline 779 \\ -\ 615 \\ \hline 164 \end{array}$$

b) $1\,h - 42\,min + 13\,min =$

c) $1\,t - (175\,kg + 476\,kg) =$

d) $5000\,km - (240\,000\,m - 85\,km) =$

III-2 Subtrahieren

Lösungen

	Übung 1 	Übung 2	Übung 3	Übung 4
a)	165	☺ = 2	453	164 €
b)	750	☺ = 11	130	31 min
c)	900	☺ = 29	1559	349 kg
d)	100	☺ = 11	64 223	4845 km
e)	4980	☺ = 110		
f)	999 999	☺ = 64		
g)	15	☺ = 180		
h)	65	☺ = 141		
i)	150	☺ = 859		

III-2 Subtrahieren

Lösungen

	Übung 1	Übung 2	Übung 3	Übung 4
a)	165	☺ = 2	453	164 €
b)	750	☺ = 11	130	31 min
c)	900	☺ = 29	1559	349 kg
d)	100	☺ = 11	64 223	4845 km
e)	4980	☺ = 110		
f)	999 999	☺ = 64		
g)	15	☺ = 180		
h)	65	☺ = 141		
i)	150	☺ = 859		

© Als Kopiervorlage freigegeben. Ernst Klett Verlag GmbH, Stuttgart 2001

Spiel: Rechenkärtchen

Spielbeschreibung

Dieses Spiel könnt ihr zu zweit spielen.

Schneidet zur Vorbereitung des Spieles die Kärtchen mit einer Schere entlang den Linien aus. Die quadratischen Zahlen-Kärtchen werden verdeckt und gut gemischt auf dem Tisch ausgebreitet. Spieler 1 gibt zu Beginn der ersten Runde eine beliebige Zahl (kleiner 100) vor. Anschließend bestimmt Spieler 2 mit dem Würfel die Anzahl der Zahlen-Kärtchen, die er ziehen darf. Er kann daraufhin versuchen, seine Zahlen-Kärtchen zusammen mit beliebig vielen der rechteckigen Rechen- und Klammer-Kärtchen so zu einem Rechenausdruck zu verbinden, dass dessen Ergebnis die vorgegebene Zahl ergibt. Gelingt ihm das nicht, behält er seine Zahlen-Kärtchen und Spieler 1 darf nun seinerseits in gleicher Weise Zahlen-Kärtchen ziehen und versuchen, mit ihnen einen passenden Rechenausdruck zu bilden. Derjenige Schüler, der den richtigen Rechenausdruck zuerst legen kann, erhält einen Punkt. Anschließend werden alle Zahlen-Kärtchen für die zweite Runde wieder verdeckt auf den Tisch gelegt, bei der nun Spieler 2 eine Zahl vorgibt.

1	2	3	4	5	6	7	8	9	10	11	12
1	2	3	4	5	6	7	8	9	10	11	12
1	2	3	4	5	6	7	8	9	10	11	12
1	2	3	4	5	6	7	8	9	10	11	12
1	2	3	4	5	6	7	8	9	10	11	12
13	14	15	16	17	18	19	20	21	22	23	24
13	14	15	16	17	18	19	20	21	22	23	24

+	+	+	+	+	+	+	+	+	+	−	−
(	(	(	(	(	(	(	(	(	(	)	)

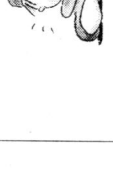

Info

Klammern

Ohne Klammern werden Rechenausdrücke immer von links nach rechts schrittweise berechnet.

Tritt in einem Rechenausdruck allerdings eine Klammer auf, so muss deren Inhalt zuerst berechnet werden:

$$2 + 5 - (5 - 2) = 2 + 5 - 3$$
$$= 7 - 3$$
$$= \underline{4}$$

Mehrere Klammern

Treten in einem Rechenausdruck mehrere Klammern auf, so müssen die inneren Klammern zuerst berechnet werden.

$$12 - [4 - (10 - 7)] = 12 - [4 - 3]$$
$$= 12 - 1$$
$$= \underline{11}$$

Übung 1

Name: _____

Berechne die folgenden Aufgaben.

a) $100 - 20 + 15 = 80 + 15 = \underline{95}$ ✓

b) $1500 - 239 - 12 + 100 =$

c) $2000 + 1324 - 3241 =$

d) $7377 - 5000 - 500 =$

e) $10\,000 + 3254 - 10\,000 =$

f) $9429 - 429 + 1000 =$

g) $1\,000\,000 - 1 + 2 =$

h) $2433 + 3422 + 8276 - 10\,000 =$

i) $9999 + 9999 + 10\,002 =$

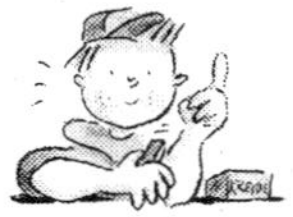

Übung 2

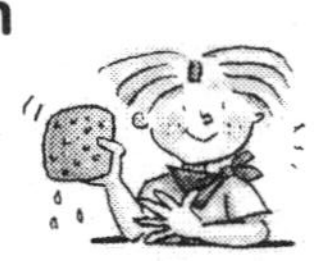

Name: _____

Berechne die folgenden Aufgaben.

a) $(12 - 8) + (58 - 15) = 4 + 43 = \underline{47}$ ✓

b) $(20 + 95) - (64 - 16) =$

c) $(238 - 40) - (125 - 75) =$

d) $100 - [58 - (15 - 8)] =$

e) $200 - [(70 - 18) - 20] =$

f) $760 - [2000 - (2100 - 300)] - 70 =$

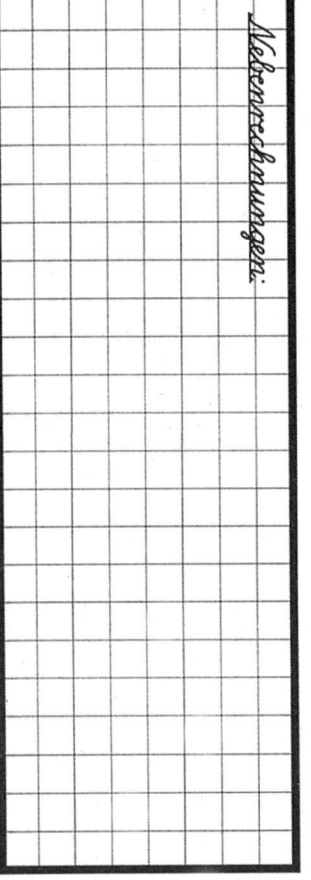

Nebenrechnungen:

52

Übung 4

Name:

Setze die Klammern jeweils so, dass die Rechnungen richtig sind.

a) $40 - (29 - 8) - 3 - 1 = 15$ ✓

b) $40 - 29 - 8 - 3 - 1 = 1$

c) $40 - 29 - 8 - 3 - 1 = 23$

d) $40 - 29 - 8 - 3 - 1 = 7$

e) $40 - 29 - 8 - 3 - 1 = 5$

f) $40 - 29 - 8 - 3 - 1 = 21$

g) $40 - 29 - 8 - 3 - 1 = 17$

h) $40 - 29 - 8 - 3 - 1 =$ (keine Lösung)

Übung 3

Name:

Notiere zunächst als Rechenausdruck und berechne dann.

a) Addiere zur Differenz von 70 und 25 die Summe von 20 und 8:

$(70 - 25) + (20 + 8) = 45 + 28 = 73$ ✓

b) Subtrahiere von der Summe von 12 und 18 die Zahl 15:

c) Subtrahiere von der Differenz von 100 und 77 die Differenz von 10 und 7:

d) Addiere zur Summe von 40 und 22 die Summe von 42 und 20:

e) Addiere zur Differenz von 1500 und 650 die Differenz von 980 und 10:

f) Subtrahiere die Differenz der Zahlen 50 und 30 von deren Summe:

Nebenrechnungen:

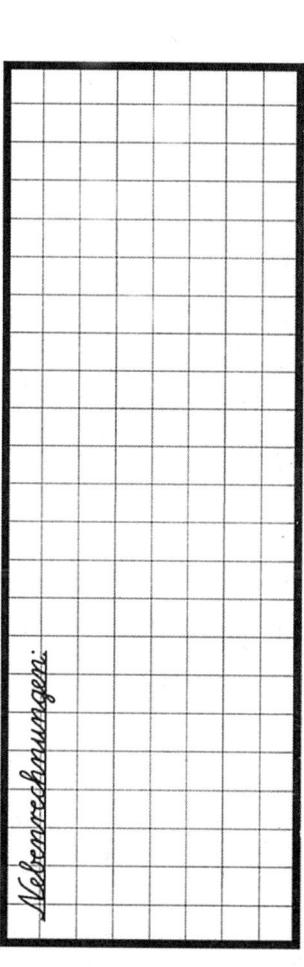

III-3 Berechnung von Rechenausdrücken

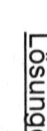

Lösungen

	Übung 1 	Übung 2	Übung 3	Übung 4 
a)	95	47	73	40-(29-8)-3-1
b)	1349	67	15	40-29-8-(3-1)
c)	83	148	20	40-(29-8-3-1)
d)	1877	49	124	40-29-(8-3-1)
e)	3254	168	1820	40-29-(8-3)-1
f)	10 000	490	60	40-(29-8-3)-1
g)	1 000 001			40-(29-8)-(3-1)
h)	4131			40-29-8-3-1
i)	30 000			

III-3 Berechnung von Rechenausdrücken

Lösungen

	Übung 1	Übung 2	Übung 3	Übung 4
a)	95	47	73	40-(29-8)-3-1
b)	1349	67	15	40-29-8-(3-1)
c)	83	148	20	40-(29-8-3-1)
d)	1877	49	124	40-29-(8-3-1)
e)	3254	168	1820	40-29-(8-3)-1
f)	10 000	490	60	40-(29-8-3)-1
g)	1 000 001			40-(29-8)-(3-1)
h)	4131			40-29-8-3-1
i)	30 000			

© Als Kopiervorlage freigegeben. Ernst Klett Verlag GmbH, Stuttgart 2001

Spiel: Textaufgaben basteln mit Bauer Erwin

Spielbeschreibung

Dieses Spiel könnt ihr zu zweit oder dritt spielen.

Zur Vorbereitung werden die unten abgebildeten Karten an den Linien ausgeschnitten und verdeckt auf einem Tisch gemischt. Anschließend zieht jeder Schüler zwei Karten.

Nun muss jeder von euch versuchen, eine Textaufgabe zu formulieren, in der die Textausschnitte der zwei Karten vorkommen.

Nachdem ihr die Textaufgaben formuliert habt, berechnet ihr sie zunächst selbst. Anschließend tauscht ihr sie untereinander aus, ohne eurer Ergebnis zu verraten. Jetzt müssen die Mitschüler versuchen, das gleiche Ergebnis herauszubekommen.

Bauer Erwin bekommt nächstes Wochenende Besuch... N-III-4	Kartoffeln kosten 2 € pro Kilogramm... N-III-4	Die Kühe haben heute 600 Liter Milch gegeben... N-III-4	Der Tomatenpreis hat sich seit dem letzten Jahr verdoppelt... N-III-4
Bauer Erwins Sohn kommt zu Besuch... N-III-4	Der Traktor braucht für die Fahrt zum Markt 8 Liter Benzin... N-III-4	Bauer Erwin hat 10 000 € im Lotto gewonnen... N-III-4	Bauer Erwin will sich eine neue Kuh kaufen... N-III-4
Ein neuer Traktor kostet 40 000 €... N-III-4	Die Kuh Elsa stirbt leider an einem Sonntag... N-III-4	Die Sau Erna hat fünf Ferkel bekommen... N-III-4	Der Tomatenpreis hat sich seit dem letzten Jahr verdoppelt... N-III-4
Bäuerin Bärbel erbt 2500 €... N-III-4	Letztes Jahr konnte man die Rüben für 2 € je Kilogramm verkaufen... N-III-4	Die Kosten verdoppeln sich leider... N-III-4	Die Tomaten kosten 5 € pro Kilogramm... N-III-4
Der Rübenpreis hat sich seit dem letzten Jahr verdoppelt... N-III-4	Die Scheune muss demnächst repariert werden... N-III-4	Die Hühner haben heute 32 Eier gelegt... N-III-4	Ein neues Auto kostet 20 000 €... N-III-4

Info

So knackst du Textaufgaben:

1) Notiere, welche Angaben im Text gegeben und welche gesucht sind.

2) Stelle für die gesuchte Größe einen Rechenausdruck auf und berechne sie.

3) Gib das Ergebnis der Rechnung in einem Antwortsatz an.

Auch bei der Berechnung einer Textaufgabe gilt:

Gut notiert ist halb kapiert!

55

Name: _____

Textaufgaben zum Geld:

a) Christine bekommt von ihren Eltern pro Woche 50 Cent mehr Taschengeld als Nina und 1 € weniger als Ann-Katrin.

Wie viel Geld bekommt Ann-Katrin pro Woche mehr als Nina, wenn Christine 3 € pro Woche erhält?

b) David kauft sich auf dem Flohmarkt ein altes Fahrrad für 45 €. Nachdem er es repariert hat, will er es wieder für 70 € verkaufen.

Wie hoch ist sein Gewinn, wenn er 7,50 € für eine neue Lichtanlage, 4,90 € für einen neuen Fahrradschlauch und 2,50 € für Schrauben ausgeben musste?

Rechnung:

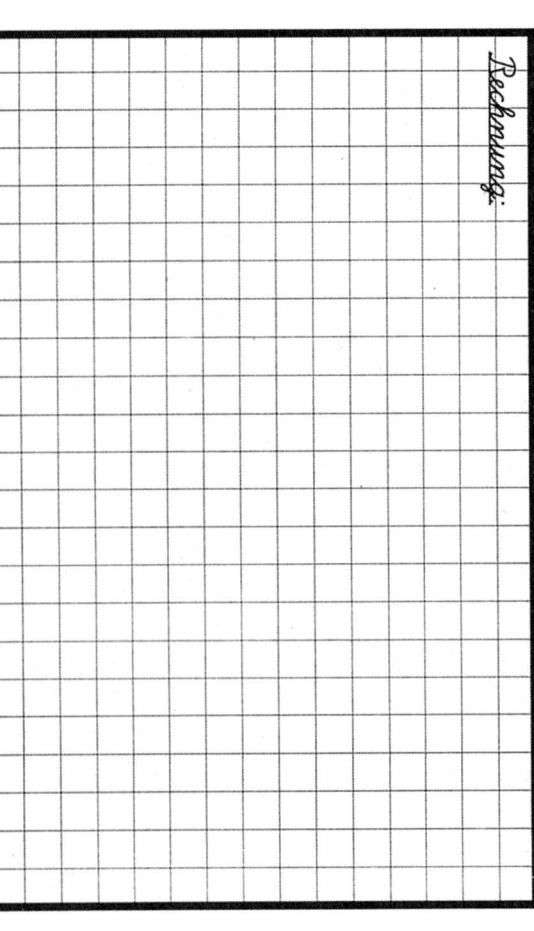

Name: _____

Textaufgaben zu Längen:

a) Julian will mit seinen Freunden eine Wanderung von 135 km über mehrere Tage machen. An den ersten beiden Tagen laufen sie jeweils 24 km, am dritten Tag 22 km, am vierten Tag 23 km und am fünften Tag 25 km.

Wie weit müssten sie am sechsten Tag noch wandern, um am Abend das Ziel ihrer Wanderung zu erreichen?

b) Bauer Erwin will mit seinem Heuwagen nach Hause fahren. Die Ladehöhe seines Wagens beträgt 1,20 m. Auf seinem Weg muss er durch einen Tunnel mit einer Höhe von 3,50 m.

Wie hoch darf er seinen Heuwagen beladen, wenn er einen Sicherheitsabstand zwischen Ladung und Tunneldecke von 20 cm einrechnen will?

Rechnung:

III-4 Anwendungen

Übung 3

Name: _____

Textaufgaben zu Gewichten:

a) Anna-Lisa möchte von ihrem Sylt-Urlaub ihren Freundinnen einen Brief schreiben. Sie hat einen Briefumschlag (Gewicht: 3 g) und zwei schöne Bögen Papier (je 4 g) gekauft. Als kleine Überraschung will sie ihren Freundinnen auch etwas Sand vom Strand mitschicken.

Wie viel Sand darf sie verschicken, damit das Gesamtgewicht des Briefes 20 g nicht übersteigt?

b) Familie Maier möchte mit dem Auto in den Urlaub fahren. Herr Maier wiegt 85 kg, Frau Maier 66 kg, Tochter Beate 28 kg und Sohn Theodor 36 kg.

Welches Gewicht könnten sie noch zuladen, wenn das maximale Ladegewicht mit 420 kg beschränkt ist?

Rechnung:

III-4 Anwendungen

Übung 4

Name: _____

Textaufgaben zu Zeiten:

a) Arne möchte sich mit seinen Freunden zum Fußballspielen treffen. Leider hat er nur von 15:50 Uhr bis 18:20 Uhr Zeit.

Wie lange kann er insgesamt Fußballspielen, wenn er für die Hin- und Rückfahrt zum Platz jeweils 20 Minuten braucht?

b) Andreas braucht für den 1000-Meterlauf 20 Sekunden weniger Zeit als im letzten Jahr. Wenn er die Strecke im kommenden Jahr in 3 Minuten und 25 Sekunden zurücklegt, wird er sich insgesamt gegenüber dem Lauf vor einem Jahr um 25 Sekunden verbessert haben.

Wie schnell ist er den 1000-Meterlauf dieses Jahr gelaufen?

Rechnung:

Übung 1

a)

Rechnung
Taschengeld von Christine: 3 €
Taschengeld von Nina: 3 € – 50 Cent = 2,50 €
Taschengeld von Ann-Katrin: 3 € + 1 € = 4 €
Taschengelddifferenz von Ann-Katrin und Nina: 4 € – 2,50 € = 1,50 €
Antwort
Ann-Katrin bekommt pro Woche 1,50 € mehr Taschengeld als Nina.

b)

Rechnung
Einkaufspreis des Fahrrades: 45,00 €
Kosten für die Reparatur: 7,50 € + 4,90 € + 2,50 € = 14,90 €
Gewinn beim Verkauf: 70,00 € – 45,00 € – 14,90 € = 10,10 €
Antwort
David würde beim Verkauf des Fahrrades einen Gewinn von 10,10 € erzielen.

Übung 2

a)

Rechnung
Zurückgelegte Wegstrecke nach fünf Tagen:
24 km + 24 km + 22 km + 23 km + 25 km = 118 km
Verbleibende Wegstrecke:
135 km – 118 km = 17 km
Antwort
Am sechsten Tag müssten sie noch 17 km wandern, um das Ziel zu erreichen.

b)

Rechnung
Höhe der Heuladung:
3,50 m – 1,20 m – 20 cm = 350 cm – 120 cm – 20 cm = 210 cm = 2,10 m
Antwort
Bauer Erwin darf seinen Heuwagen 2,10 m hoch beladen.

Übung 3

a)

Rechnung
Gewicht der beiden Briefbögen: 4 g + 4 g = 8 g
Gewicht des Umschlages und der Briefbögen: 3 g + 8 g = 11 g
Gewicht des Sandes: 20 g – 11 g = 9 g
Antwort
Anna-Lisa darf höchstens 9 g Sand in dem Brief mitschicken.

b)

Rechnung
Gesamtgewicht der Fahrer: 85 kg + 66 kg + 28 kg + 36 kg = 215 kg
Mögliches Zuladungsgewicht: 420 kg – 215 kg = 205 kg
Antwort
Familie Maier darf noch 205 kg Gepäck zuladen.

Übung 4

a)

Rechnung
Gesamtzeit : 18 h 20 min – 15 h 50 min = 2 h 30 min
Gesamtfahrtzeit: 20 min + 20 min = 40 min
Verbleibende Zeit für das Fußballspiel: 2 h 30 min – 40 min = 1 h 50 min
Antwort
Arne kann insgesamt 1 h 50 min Fußball spielen.

b)

Rechnung
Laufzeit vor einem Jahr: 3 min 25 s + 25 s = 3 min 50 s
Laufzeit in diesem Jahr: 3 min 50 s – 20 s = 3 min 30 s
Antwort
Andreas hat in diesem Jahr für den 1000-Meterlauf 3 min 30 s gebraucht.

IV Multiplizieren

Protokoll

Einheit		Blatt	😀 …	Datum	😃 zu leicht	😊 genau richtig	😖 zu schwer	Lehrer/-in
IV-1	Multiplizieren	Info						
		Spiel						
		Übung 1						
		Übung 2						
		Übung 3						
		Übung 4						
IV-2	Schriftliches Multiplizieren	Info						
		Spiel						
		Übung 1						
		Übung 2						
		Übung 3						
		Übung 4						
IV-3	Addieren und Multiplizieren	Info						
		Spiel						
		Übung 1						
		Übung 2						
		Übung 3						
		Übung 4						
IV-4	Das Distributivgesetz	Info						
		Spiel						
		Übung 1						
		Übung 2						
		Übung 3						
		Übung 4						

IV Multiplizieren

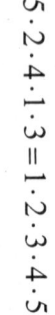

Kommutativgesetz der Multiplikation

In einem Produkt darfst du die Faktoren beliebig vertauschen:

$$3 \cdot 4 = 4 \cdot 3$$

$$5 \cdot 2 \cdot 4 \cdot 1 \cdot 3 = 1 \cdot 2 \cdot 3 \cdot 4 \cdot 5$$

Assoziativgesetz der Multiplikation

In einem Produkt darfst du Klammern beliebig setzen, weglassen oder verschieben:

$$3 \cdot 4 \cdot 5 = 3 \cdot (4 \cdot 5) = (3 \cdot 4) \cdot 5$$

$$7 \cdot 2 \cdot 5 \cdot 8 \cdot 125 = 7 \cdot (2 \cdot 5) \cdot (8 \cdot 125) = 7 \cdot 10 \cdot 1000 = 70000$$

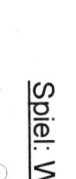

Spielbeschreibung

Dieses Spiel könnt ihr zu zweit oder dritt spielen.

Reihum würfelt jeder Schüler mit einem Würfel eine Zahl, die er in eines der abgebildeten Felder des ersten Spielfeldes schreibt. Das wird solange fortgesetzt, bis alle Felder ausgefüllt sind. Dabei darf eine einmal festgesetzte Zahl später nicht mehr variiert werden. Anschließend berechnet ihr die Ergebnisse eurer so entstandenen Multiplikationen. Der Schüler mit dem höchsten (richtigen) Ergebnis erhält einen Punkt. Gewonnen hat der Schüler, der nach allen vier Spielen die meisten Punkte sammeln konnte.

Würfelix

Spiel 1

Würfelix

Spiel 2

Würfelix

Spiel 3

Würfelix

Spiel 4

IV-1 Multiplizieren

Übung 1

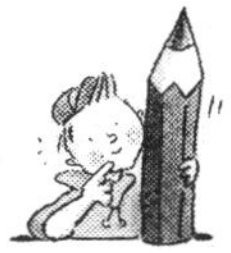

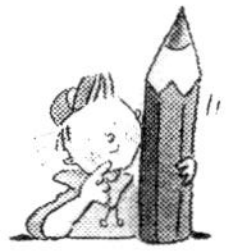

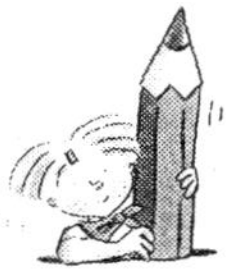

Name: ______________________

Schreibe die angegebene Summe als Produkt und berechne dann seinen Wert.

a) $12+12+12+12+12 = 5 \cdot 12 = \underline{60}$ ✓

b) $8+8+8+8+8+8+8 =$

c) $13+13+13+13+13+13+13+13+13+13 =$

d) $9+9+9+9+9+9+9+9+9+9+9+9+9 =$

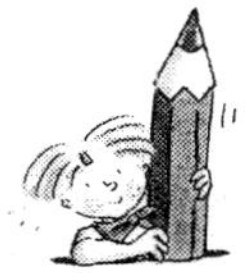

e) $11+11+11+11+11+11+11+11+11+11+11 =$

f) $100+100+100+100 =$

g) $18+18+18+18+18 =$

h) $80+80+80+80 =$

i) $0+0+0+0+0+0+0+0+0+0+0+0+0+0+0 =$

IV-1 Multiplizieren

Übung 2

Name: ______________________

Ergänze die folgende Tabelle.

•	2	3	5	8	10	12	100
0							
1							
2			10			24	
4				32			
5							
10							
20		60					
50							
100							

IV-1 Multiplizieren

Übung 3

Name:

Setze zunächst geschickt Klammern und berechne dann.

a) $7 \cdot 5 \cdot 4 \cdot 9 = 7 \cdot (5 \cdot 4) \cdot 9 = 7 \cdot 20 \cdot 9 = 7 \cdot 180 = 1260$ ✓

b) $4 \cdot 50 \cdot 125 \cdot 8 =$

c) $250 \cdot 40 \cdot 2 \cdot 5 =$

d) $6 \cdot 5 \cdot 5 \cdot 4 =$

e) $3 \cdot 25 \cdot 4 \cdot 5 \cdot 18 =$

f) $9 \cdot 8 \cdot 50 \cdot 5 =$

g) $25 \cdot 4 \cdot 3 \cdot 15 \cdot 20 =$

h) $17 \cdot 20 \cdot 2 \cdot 25 =$

i) $14 \cdot 40 \cdot 250 \cdot 125 \cdot 8 =$

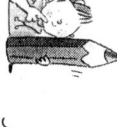

IV-1 Multiplizieren

Übung 4

Name:

Berechne das Produkt durch geschicktes Vertauschen der Faktoren.

a) $2 \cdot 13 \cdot 5 = 2 \cdot 5 \cdot 13 = 10 \cdot 13 = \underline{130}$ ✓

b) $125 \cdot 3 \cdot 8 =$

c) $12 \cdot 30 \cdot 5 =$

d) $4 \cdot 2 \cdot 5 \cdot 5 =$

e) $2 \cdot 3 \cdot 4 \cdot 5 =$

f) $2 \cdot 8 \cdot 50 \cdot 8 =$

g) $4 \cdot 2 \cdot 25 \cdot 5 \cdot 100 =$

h) $4 \cdot 125 \cdot 7 \cdot 25 \cdot 8 =$

i) $75 \cdot 2 \cdot 2 \cdot 5 \cdot 2 =$

IV-1 Multiplizieren

Lösungen

Übung 2

·	2	3	5	8	10	12	100
0	0	0	0	0	0	0	0
1	2	3	5	8	10	12	100
2	4	6	10	16	20	24	200
4	8	12	20	32	40	48	400
5	10	15	25	40	50	60	500
10	20	30	50	80	100	120	1000
20	40	60	100	160	200	240	2000
50	100	150	250	400	500	600	5000
100	200	300	500	800	1000	1200	10000

IV-1 Multiplizieren

Lösungen

	Übung 1	Übung 3	Übung 4
a)	60	1260	130
b)	56	200 000	3000
c)	130	100 000	1800
d)	117	600	200
e)	121	27 000	120
f)	400	18 000	6400
g)	90	90 000	100 000
h)	320	17 000	700 000
i)	0	140 000 000	3000

IV-2 Schriftliches Multiplizieren

Info

Schriftliches Multiplizieren mit einer einstelligen Zahl

Bei der Multiplikation der Zahlen 542 mit der Zahl 3 wird zunächst die 2 (Einer) mit 3 multipliziert. Das Ergebnis, die 6, wird unter die 2 geschrieben.

Als Nächstes wird die 4 (Zehner) mit 3 multipliziert. Da das Ergebnis eine zweistellige Zahl ist (12), wird nur die 2 unter die 4 geschrieben; die 1 wird als „Übertrag" für die nächste Stelle übertragen. Mit ihm erhalten wir für den letzten Rechenschritt einen zusätzlichen Summanden:

$3 \cdot 5 + 1 = 15 + 1 = 16.$

```
  5 4 2 · 3
  ─────────
  1 6 2 6
```

Schriftliches Multiplizieren mit einer mehrstelligen Zahl

Bei der Multiplikation der Zahlen 542 mit der mehrstelligen Zahl 34 wird zunächst wie oben die Zahl 542 mit 3 multipliziert, wir erhalten das erste Zwischenergebnis: 1626.

Anschließend wird die Zahl 542 mit der Zahl 4 multipliziert, das so berechnete zweite Zwischenergebnis, 2168, wird um eine Stelle nach rechts versetzt unter das erste geschrieben.

Schließlich werden die beiden Zwischenergebnisse wie in der Abbildung schriftlich addiert.

```
    5 4 2 · 34
    ─────────
    1 6 2 6
  + 2 1 6 8
  ─────────
  1 8 4 2 8
```

IV-2 Schriftliches Multiplizieren

Spiel: Das Hüpffeld

Spielbeschreibung

Ziel dieses Spieles ist es, die richtige Reihenfolge der runden Hüpffelder zu bestimmen. Das Start-Feld findest du in der Mitte abgebildet. Um das nächste Feld zu bestimmen, musst du die Multiplikation auf dem Start-Feld (132 · 4) berechnen; das Ergebnis findest du im zweiten Feld. In gleicher Weise werden die weiteren Felder bis zum Ziel-Feld bestimmt. Aber Vorsicht! Einige Felder gehören nicht zur richtigen Reihenfolge. Wenn du die Lösungsbuchstaben dieser übriggebliebenen Felder richtig zusammensetzt, erhältst du als Lösungswort ein Unterrichtsfach.

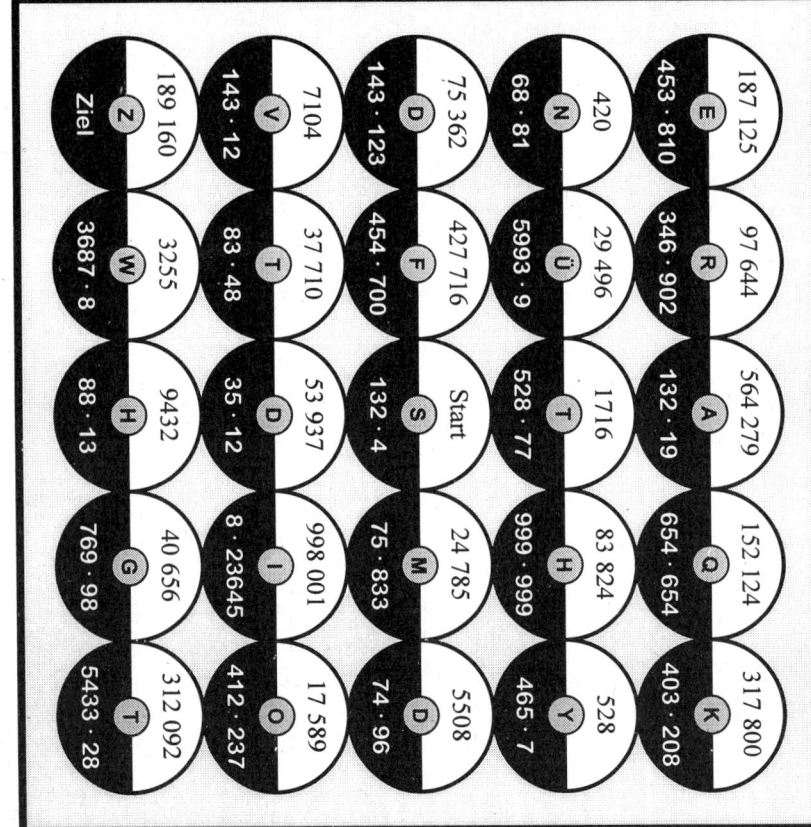

Übung 2

Name: _____

Fülle in der Abbildung die Kästchen aus, indem du, ausgehend von der Startzahl 5, die in den Kreisen vorgegebenen Multiplikationen durchführst.

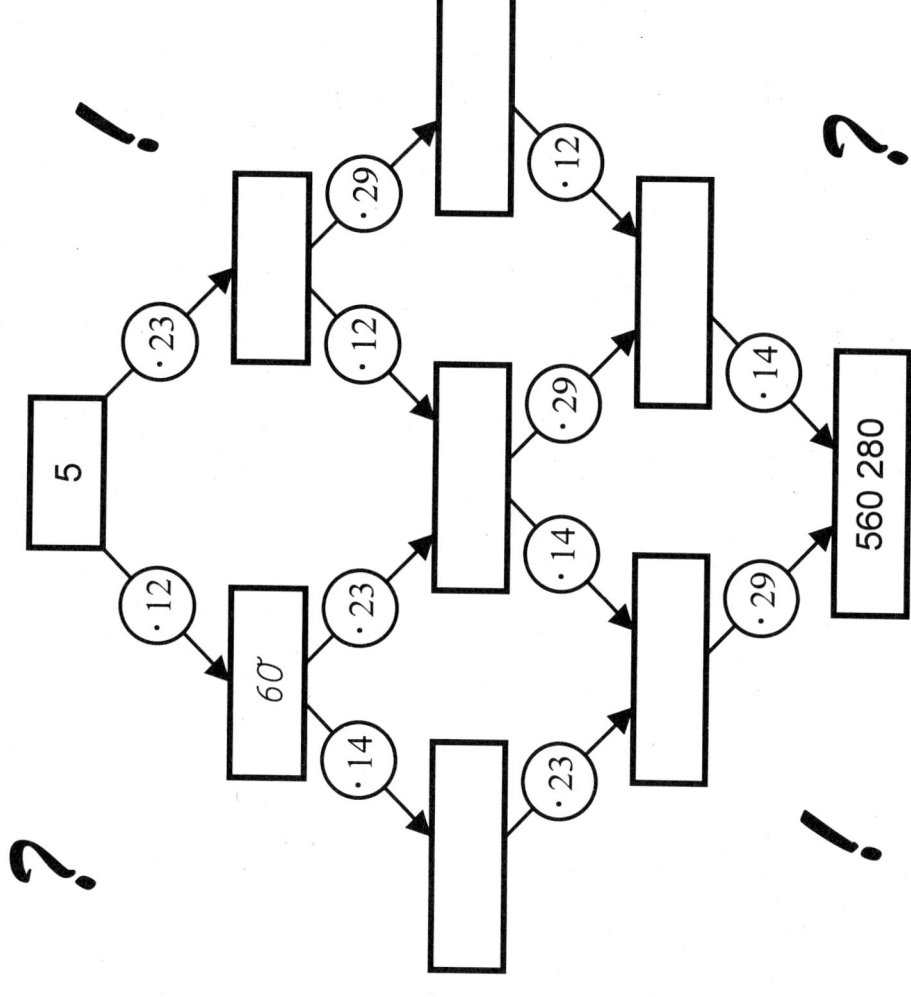

560 280

Übung 1

Name: _____

Berechne schriftlich.

a) $17 \cdot 3 = \underline{51}$ ✓

$$\begin{array}{r} 1\!7 \cdot 3 \\ \hline 51 \\ \hline \end{array}$$

b) $39 \cdot 9 =$

c) $25 \cdot 12 =$

d) $251 \cdot 4 =$

e) $325 \cdot 6 =$

f) $6594 \cdot 3 =$

g) $27\,772 \cdot 4 =$

h) $48\,671 \cdot 7 =$

i) $837\,984 \cdot 10 =$

Name: _____

Schreibe den dazugehörigen Term auf und berechne ihn.

a) Multipliziere die Zahl 355 mit sich selbst.

b) Multipliziere die Zahl 19 mit dem Produkt der beiden Zahlen 255 und 122.

c) Multipliziere das Produkt der beiden Zahlen 64 und 32 mit der Zahl 744.

d) Multipliziere das Produkt der Zahlen 34 und 11 mit dem Produkt der beiden Zahlen 10 und 23.

Rechnung:

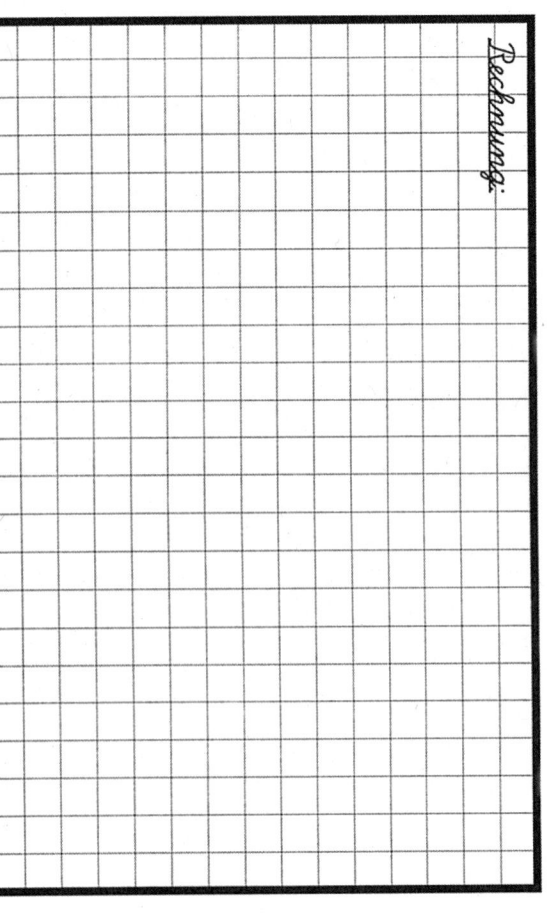

Name: _____

Fülle in die Kästchen die richtigen Ziffern ein.

a)
```
  1 □ 3 · 4
  ─────────
  7 3 □
```

b)
```
  □ 2 7 □ · 3
  ───────────
  6 □ □ 5
```

c)
```
  5 7 · □ □
  ─────────
    1 □ 7
  1 □ □ 6
  ─────────
  □ □ □
```

d)
```
  4 8 □ · 2 □
  ───────────
    6 4 □ 2
  □ □ □ 8
  ───────────
  □ □ □ 8
```

Lösungen

Übung 2

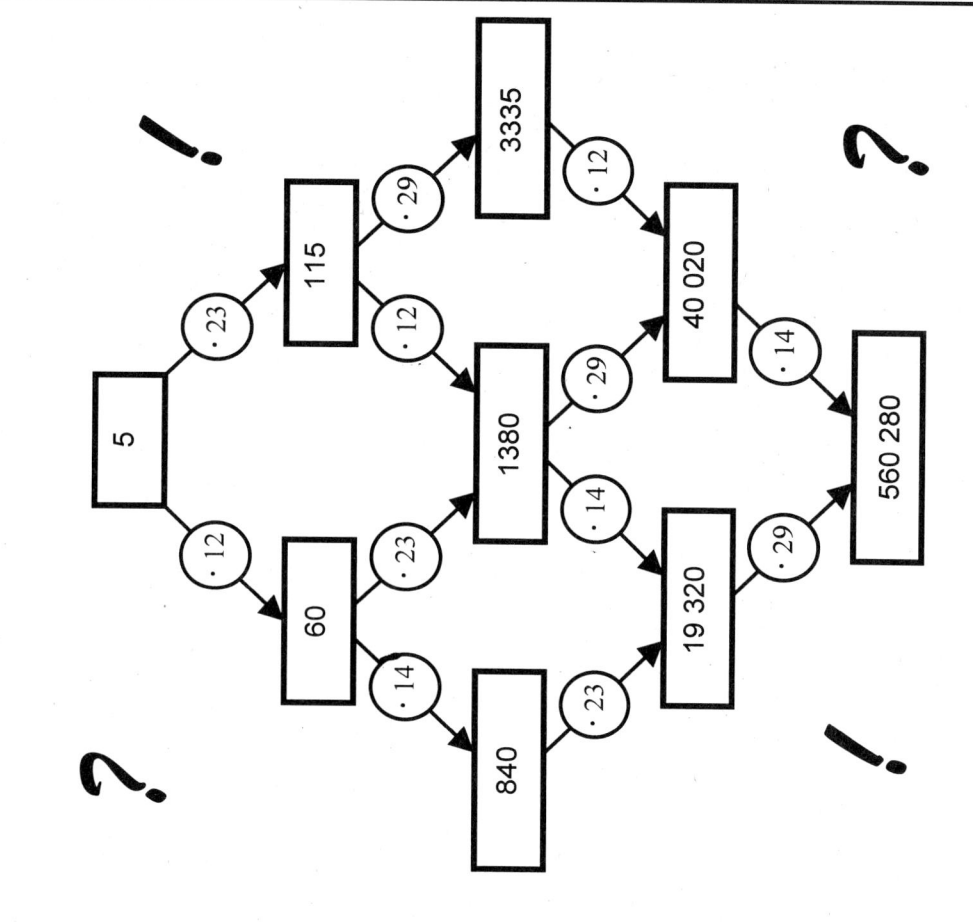

Lösungen

	Übung 1	Übung 3	Übung 4
a)	51	126 025	$183 \cdot 4$ 732
b)	351	591 090	
c)	300	1 523 712	$2275 \cdot 3$ 6825
d)	1004	86 020	
e)	1950		$157 \cdot 18$ 157 1256 2826
f)	19 782		
g)	111 088		$482 \cdot 24$ 964 1928 11568
h)	340 697		
i)	8 379 840		

Info

Mit Klammern wird in einer Rechnung festgelegt, welche Rechnungen zuerst durchgeführt werden. Es gilt: Klammern werden zuerst berechnet (innere Klammern vor äußeren).

$$3 + [2 \cdot (7 + 4)] = 3 + [2 \cdot 11] = 3 + 22 = 25$$

Wird in einer Rechnung ohne Klammern sowohl multipliziert als auch addiert oder subtrahiert, so gilt: Punktrechnung (·) wird vor Strichrechnung (+ und −) ausgeführt.

$$4 \cdot 5 + 6 \cdot 3 - 2 \cdot 7 = 20 + 18 - 14 = 24$$

Spiel: Kreuz und quer

Spielbeschreibung

Dieses Spiel könnt ihr zu dritt spielen.

In der ersten Runde überlegt sich ein Schüler als Rundenleiter eine Zahl zwischen 1 und 100. Daraufhin müssen die anderen beiden Schüler versuchen, auf dem unten stehenden Spielfeld eine Reihe (waagerecht, senkrecht oder diagonal) zu finden, die – durch beliebige Rechenzeichen (+, −, ·) verbunden – eine Rechnung ergeben, deren Ergebnis der vorgegebenen Zahl entspricht. Der Schüler, der diese Aufgabe zuerst bewältigt hat, erhält den Punkt für diese Runde. Dafür muss er allerdings in der nächsten Runde als Rundenleiter wieder eine Zahl vorgeben.

Gewonnen hat der Schüler, der die meisten Punkte sammeln konnte.

3	4	14	6	12	6	5	8
5	1	7	4	10	15	10	15
8	5	9	4	0	1	2	13
12	2	10	12	6	7	10	8
3	4	11	2	3	11	12	4
0	14	8	5	9	1	2	7
7	1	2	13	3	11	6	9

Übung 1

Name:

Berechne die folgenden Rechenausdrücke.

a) $5 \cdot 3 + 4 = 15 + 4 = \underline{19}$ ✓

b) $2 + 9 \cdot 5 =$

c) $3 \cdot 6 + 2 \cdot 9 =$

d) $12 \cdot 2 + 3 \cdot 7 =$

e) $21 \cdot 3 - 5 \cdot 9 + 15 =$

f) $6 \cdot 13 - 13 \cdot 6 =$

g) $14 \cdot 12 + 32 - 4 \cdot 13 =$

h) $2 \cdot 49 - 7 \cdot 2 + 16 \cdot 2 =$

i) $100 \cdot 3 - 15 \cdot 5 - 14 \cdot 4 =$

Übung 2

Name:

Berechne die folgenden Rechenausdrücke.

a) $(15 + 2) \cdot (12 - 8) = 17 \cdot 4 = \underline{68}$ ✓

b) $3 + 9 \cdot (5 - 2) =$

c) $30 \cdot (2 + 2) - 2 \cdot 20 =$

d) $(12 + 18) \cdot (4 - 2) =$

e) $(4 \cdot 23 - 4 \cdot 13) \cdot 2 =$

f) $(510 - 20 \cdot 17) \cdot 4 =$

g) $(220 - 211) \cdot (220 - 211) =$

h) $2 \cdot (15 + 8 \cdot (100 - 25)) =$

i) $[(20 + 33) \cdot 10 - 5 \cdot 23] \cdot 5 =$

IV-3 Addieren und Multiplizieren

Übung 3

Name: _____

Schreibe die Rechenausdrücke nur mit den notwendigen Klammern.

a) $(2 \cdot 2) \cdot (12-8) = 2 \cdot 2 \cdot (12 - 8)$ ✓

b) $1+(2 \cdot (14-9)) =$

c) $4 \cdot (1+2)-(2 \cdot 5) =$

d) $(3+8) \cdot ((4-2) \cdot 5) =$

e) $15+(5 \cdot 5) \cdot (16-7) =$

f) $(12-8) \cdot (6 \cdot 5) =$

g) $((7-5) \cdot (2+2)) =$

h) $3 \cdot (15-(2+8)) =$

i) $[1+(2+3)+10-(5 \cdot 2)] \cdot 4 =$

IV-3 Addieren und Multiplizieren

Übung 4

Name: _____

Beachte bei der Berechnung der Aufgaben die Klammern und die „Punkt-vor-Strich-Regel".

a) $25 \cdot [20+4 \cdot (12-9)] =$
   $25 \cdot (20+4 \cdot 3) = 25 \cdot (20+12) = 25 \cdot 32 = 800$ ✓

b) $9 \cdot [100+6 \cdot (7+8)] =$

c) $5 \cdot [[100-91] \cdot 3-18] =$

d) $[629-7 \cdot (155-94)] \cdot 8 =$

e) $19 \cdot (500-485) \cdot 2 =$

f) $35 \cdot (123+60) \cdot (102-99) =$

g) $1000-(3999-60 \cdot 53) =$

h) $(34 \cdot 17-15 \cdot 33) \cdot 10 =$

i) $(1000-31 \cdot 32) \cdot (18 \cdot 12-13 \cdot 13) =$

IV-3 Addieren und Multiplizieren

Lösungen

	Übung 1	Übung 2	Übung 3	Übung 4
a)	19	68	2·2·(12-8)	800
b)	47	30	1+2·(14-9)	1710
c)	36	80	4·(1+2)-2·5	45
d)	45	60	(3+8)·(4-2)·5	1616
e)	33	80	15+5·5·(16-7)	570
f)	0	680	(12-8)·6·5	19 215
g)	148	81	(7-5)·(2+2)	181
h)	116	1230	3·(15-(2+8))	830
i)	169	2075	[1+2+3+10-5·2]·4	376

IV-3 Addieren und Multiplizieren

Lösungen

	Übung 1	Übung 2	Übung 3	Übung 4
a)	19	68	2·2·(12-8)	800
b)	47	30	1+2·(14-9)	1710
c)	36	80	4·(1+2)-2·5	45
d)	45	60	(3+8)·(4-2)·5	1616
e)	33	80	15+5·5·(16-7)	570
f)	0	680	(12-8)·6·5	19 215
g)	148	81	(7-5)·(2+2)	181
h)	116	1230	3·(15-(2+8))	830
i)	169	2075	[1+2+3+10-5·2]·4	376

© Als Kopiervorlage freigegeben. Ernst Klett Verlag GmbH, Stuttgart 2001

Das Distributivgesetz

Statt eine Summe mit einer Zahl zu multiplizieren, kannst du auch jeden Summanden mit der Zahl multiplizieren und die Ergebnisse addieren.

Beispiel 1:

$2 \cdot (4 + 3) = 2 \cdot 4 + 2 \cdot 3 = 8 + 6 = \underline{14}$

Man sagt: Wir haben die Klammer ausmultipliziert.

Du kannst das Distributivgesetz auch umgekehrt anwenden:

Beispiel 2:

$2 \cdot 4 + 2 \cdot 3 = 2 \cdot (4 + 3) = 2 \cdot 7 = \underline{14}$

Man sagt: Wir haben die Zahl 2 ausgeklammert.

Das Distributivgesetz gilt auch, wenn statt einer Summe eine Differenz oder ein Rechenausdruck mit Summen und Differenzen vorliegt.

Beispiel 1:

$2 \cdot (4 - 3) = 2 \cdot 4 - 2 \cdot 3 = 8 - 6 = \underline{2}$

Beispiel 2:

$2 \cdot (5 + 4 - 3) = 2 \cdot 5 + 2 \cdot 4 - 2 \cdot 3 = 10 + 8 - 6 = \underline{12}$

Spielbeschreibung

Dieses Spiel könnt ihr zu zweit spielen.

Zur Vorbereitung schneidet ihr die abgebildeten 21 Dominosteine entlang den fettgedruckten Linien aus. Anschließend müsst ihr versuchen, die Dominosteine (wie bei einem normalen Domino) so in eine geschlossene Kette zu legen, dass auf angrenzenden Steinen gleichwertig Rechenausdrücke stehen.

$2+3$	$10 \cdot (5+7)$	$60-48$	$2 \cdot (3+2+5)$	$35+28-49$	$4 \cdot (6-3+7)$
$6+4+10$	$7 \cdot (5+4-7)$	$7+19-1$	$(13+9) \cdot 11$	$6+4$	$6 \cdot (5+1)$
$1440-96$	$15 \cdot (2+15)$	$27-9$	$1 \cdot (2+3)$	$102-48+18$	$(5+25) \cdot 5$
$20-8$	$3 \cdot (9-3)$	$8+36+4$	$(7+19-1) \cdot 1$	$34+170$	$(17-8+3) \cdot 6$
$25+125$	$(15-9) \cdot 9$	$135-81$	$(10+100) \cdot 3$	$30+6$	$2 \cdot (10-4)$
$30+225$	$(2+9+1) \cdot 4$	$30+300$	$2 \cdot (3+2)$	$24-12+28$	$13 \cdot (7+9)$
$91+117$	$12 \cdot (120-8)$	$143-99$	$(2+10) \cdot 17$	$50+70$	$12 \cdot (5-4)$

IV-4 Das Distributivgesetz

Übung 2

Name: _____

Berechne die folgenden Rechenausdrücke, indem du die Klammern zunächst ausmultiplizierst.

a) $5 \cdot (9 + 3) = 5 \cdot 9 + 5 \cdot 3 = 45 + 15 = \underline{60}$ ✓

b) $12 \cdot (10 + 1) =$

c) $14 \cdot (20 + 5) =$

d) $(10 - 2) \cdot 16 =$

e) $(100 - 1) \cdot 25 =$

f) $(100 + 10 - 1) \cdot 7 =$

g) $(200 - 1) \cdot 17 =$

h) $(200 - 5 + 1) \cdot 13 =$

i) $(1000 - 50 + 100) \cdot 8 =$

IV-4 Das Distributivgesetz

Übung 1

Name: _____

Multipliziere die Klammern aus und berechne dann.
Mache anschließend die Probe!

a) $5 \cdot (3 + 4) = 5 \cdot 7 = 35$
    $5 \cdot (3 + 4) = 5 \cdot 3 + 5 \cdot 4 = 15 + 20 = 35$ ✓

b) $3 \cdot (2 + 5) =$
    $3 \cdot (2 + 5) =$

c) $12 \cdot (6 - 2) =$
    $12 \cdot (6 - 2) =$

d) $(2 + 8) \cdot 4 =$
    $(2 + 8) \cdot 4 =$

e) $12 \cdot (4 + 6) =$
    $12 \cdot (4 + 6) =$

f) $15 \cdot (7 + 8) =$
    $15 \cdot (7 + 8) =$

g) $(15 + 3) \cdot 5 =$
    $(15 + 3) \cdot 5 =$

h) $(1000 - 100) \cdot 40 =$
    $(1000 - 100) \cdot 40 =$

i) $(564 + 48) \cdot 2 =$
    $(564 + 48) \cdot 2 =$

Name: _____

Berechne die folgenden Rechenausdrücke durch Ausklammern.

a) $6 \cdot 9 + 6 \cdot 3 = 6 \cdot (9 + 3) = 6 \cdot 12 = \underline{72}$ ✓

b) $6 \cdot 9 + 7 \cdot 9 =$

c) $14 \cdot 7 + 7 \cdot 5 =$

d) $12 \cdot 5 - 8 \cdot 5 =$

e) $19 \cdot 13 - 9 \cdot 13 =$

f) $6 \cdot 4 - 6 \cdot 1 + 6 \cdot 11 =$

g) $70 \cdot 26 + 40 \cdot 26 - 10 \cdot 26 =$

h) $13 \cdot 7 + 13 \cdot 15 - 13 \cdot 2 =$

i) $16 \cdot 3 + 16 \cdot 16 + 1 \cdot 16 =$

© Als Kopiervorlage freigegeben. Ernst Klett Verlag GmbH, Stuttgart 2001

Name: _____

Schreibe die Summanden zunächst als Produkt und klammere dann aus.

a) $21 + 14 = 7 \cdot 3 + 7 \cdot 2 = 7 \cdot (2 + 3)$ ✓

b) $15 + 50 =$

c) $26 + 39 + 130 =$

d) $49 - 28 =$

e) $33 + 121 - 11 =$

f) $48 + 56 + 8 =$

g) $48 - 36 + 6 =$

h) $132 + 110 + 880 =$

i) $66 - 36 - 15 =$

© Als Kopiervorlage freigegeben. Ernst Klett Verlag GmbH, Stuttgart 2001

Lösungen

	Übung 1	Übung 2	Übung 3	Übung 4
a)	35	60	72	$7 \cdot (2+3)$
b)	21	132	117	$5 \cdot (3+10)$
c)	48	350	133	$13 \cdot (2+3+10)$
d)	40	128	100	$7 \cdot (7-4)$
e)	120	2475	130	$11 \cdot (3+11-1)$
f)	225	763	84	$8 \cdot (6+7+1)$
g)	90	3383	2600	$6 \cdot (8-6+1)$
h)	36 000	2548	260	$22 \cdot (6+5+40)$
i)	1224	8400	320	$3 \cdot (22-12-5)$

IV-4 Das Distributivgesetz

Lösungen

	Übung 1	Übung 2	Übung 3	Übung 4
a)	35	60	72	$7 \cdot (2+3)$
b)	21	132	117	$5 \cdot (3+10)$
c)	48	350	133	$13 \cdot (2+3+10)$
d)	40	128	100	$7 \cdot (7-4)$
e)	120	2475	130	$11 \cdot (3+11-1)$
f)	225	763	84	$8 \cdot (6+7+1)$
g)	90	3383	2600	$6 \cdot (8-6+1)$
h)	36 000	2548	260	$22 \cdot (6+5+40)$
i)	1224	8400	320	$3 \cdot (22-12-5)$

© Als Kopiervorlage freigegeben. Ernst Klett Verlag GmbH, Stuttgart 2001

V Dividieren

Protokoll

Einheit	Blatt	Datum	zu leicht 🙂	genau richtig 😊	zu schwer ☹	Lehrer/-in
V-1 Dividieren	Info					
	Spiel					
	Übung 1					
	Übung 2					
	Übung 3					
	Übung 4					
V-2 Berechnen von Rechenausdrücken	Info					
	Spiel					
	Übung 1					
	Übung 2					
	Übung 3					
	Übung 4					
V-3 Potenzieren	Info					
	Spiel					
	Übung 1					
	Übung 2					
	Übung 3					
	Übung 4					
V-4 Vermischte Aufgaben	Info					
	Spiel					
	Übung 1					
	Übung 2					
	Übung 3					
	Übung 4					

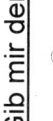

Spiel: Gib mir den Rest...

Spielbeschreibung

In der Abbildungen findest du in den einzelnen Flächenstücken jeweils eine Division. Wenn du die Flächenstücke farbig anmalst, deren Division einen Rest ergibt, erhältst du ein Bild.

4005 : 3	3845 : 5	182 : 13
6224 : 4	17 280 : 10	
3836 : 7	2491 : 7	134 : 17
900 : 4	1154 : 12	
850 : 2	902 : 4	264 : 3
3025 : 5	5985 : 3	8 : 8
100 : 10	8 : 4	18 293 :11
1965 : 3	342 : 8	192 : 16
8 : 4 4 : 8	599 : 3	2720 : 5
1064 : 4	8842 : 4	22 632 : 12
1071 : 7	84 : 7	15 088 : 8

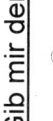

Info

Die Division

Bei der Division heißt 6:3 der Quotient mit dem Dividenden 6 und dem Divisor 3.

Bei der Division dürfen Dividend und Divisor nicht vertauscht werden.

Wichtig: Es darf nie durch die „0" geteilt werden!

Die schriftliche Division

Bei der schriftlichen Division der Zahl 2816 durch 3 werden zunächst so viele Ziffern des Dividenden (2816) von links zu einer Zahl zusammengefasst, dass die 3 in ihr enthalten ist: in unserem Beispiel also 28 (da die 3 nicht in der 2 enthalten ist).

Nun berechnen wir, wie oft die 3 in die 28 geht; das Ergebnis (9) wird rechts als erste Stelle des Ergebnisses hingeschrieben. Den Rest erhält man durch die Subtraktion:

$$28 - 3 \cdot 9 = 28 - 27 = 1.$$

Anschließend wird die nächste Ziffer des Dividenden heruntergeschrieben (gepunkteter Pfeil), die dadurch entstandene 11 wird in gleicher Weise dividiert. So erhält man Stelle für Stelle das Ergebnis der Division 938.

Der Rest (2) wird schließlich hinter das Ergebnis geschrieben.

```
2 8 1 6 : 3 = 9 3 8   R2
2 7                   ────
────
  1 1
  . 9
  ───
    2 6
    2 4
    ───
      2
```

V-1 Dividieren

Übung 1

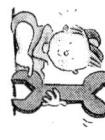

Name: ______________________

Schreibe die Lösung als Quotient und gib seinen Wert an.

a) $u \cdot 3 = 36$ *gleichwertig mit* $u = 36 : 3 = \underline{12}$ ✓

b) $r \cdot 12 = 60$

c) $s \cdot 25 = 625$

d) $t \cdot 13 = 104$

e) $x \cdot 36 = 216$

f) $17 \cdot y = 85$

g) $w \cdot 24 = 288$

h) $48 \cdot x = 816$

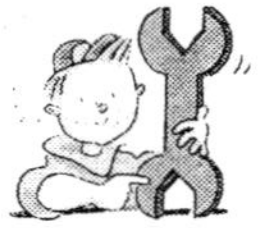

i) $23 \cdot a = 322$

V-1 Dividieren

Übung 2

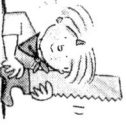

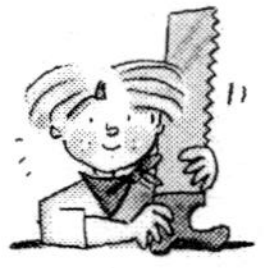

Name: ______________________

Berechne schriftlich.

a) $182 : 7 = \underline{26}$ ✓

b) $4704 : 3 =$

c) $446\,504 : 8 =$

d) $1980 : 12 =$

e) $18\,128 : 11 =$

f) $48\,792 : 19 =$

g) $23\,825 : 25 =$

h) $26\,880 : 105 =$

i) $112\,650 : 150 =$

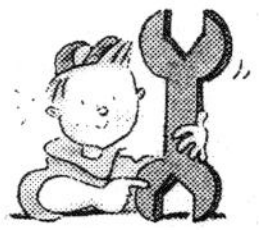

Fülle in der Abbildung die Kästchen aus, indem du, ausgehend von der Startzahl 401 436, die in den Kreisen vorgegebenen Divisionen durchführst.

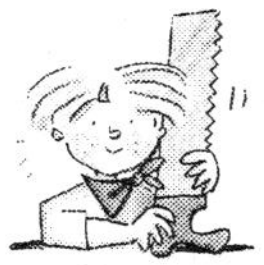

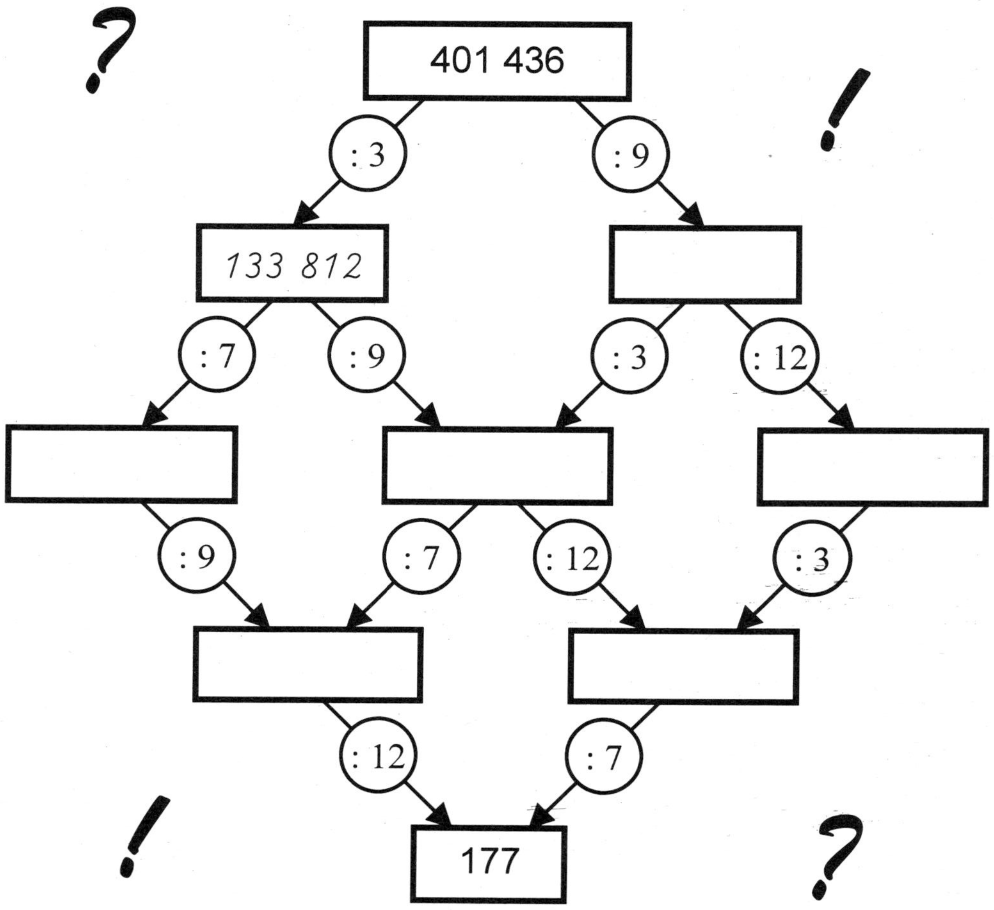

401 436 → :9 → ☐ → :12 → ☐ → :3 → ☐
401 436 → :3 → 133 812
☐ → :3 → ☐ → :12 → ☐ → :7 → 177
133 812 → :9 → ☐ → :7 → ☐
133 812 → :7 → ☐ → :9 → ☐ → :12 → 177

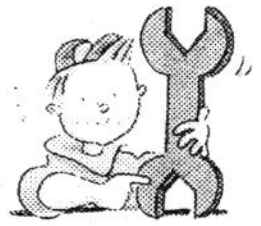

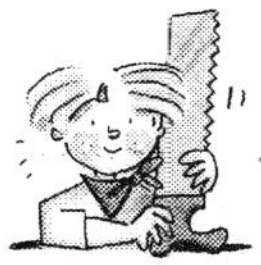

Versuche, die unbekannte Zahl zu bestimmen.

a) $y : 30 = 5$ gleichwertig mit $y = 5 \cdot 30 = \underline{150}$ ✓

b) $x : 4 = 12$

c) $x : 8 = 125$

d) $6 : u = 3$

e) $z : 10 = 10$

f) $60 : t = 12$

g) $625 : u = 125$

h) $v : 1000 = 1000$

i) $1000 : w = 1000$

V-1 Dividieren

<u>Lösungen</u>

	Übung 1	Übung 2	Übung 3
a)	12	26	150
b)	5	1568	48
c)	25	55 813	1000
d)	8	165	2
e)	6	1648	100
f)	5	2568	5
g)	12	953	5
h)	17	256	1 000 000
i)	14	751	1

V-1 Dividieren

<u>Lösungen</u>

Übung 4

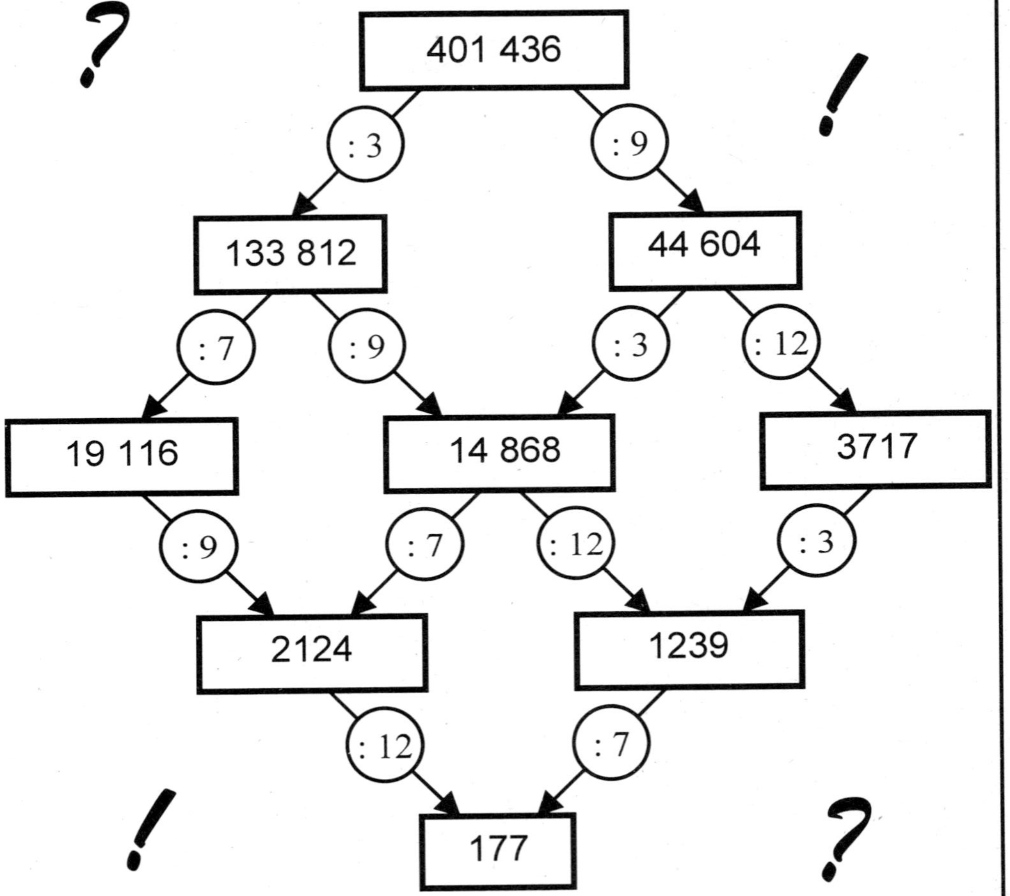

¿

401 436 :9 → 44 604 :12 → 3717 :3 → 1239 :7 → 177 :12 → 2124 :9 → 19 116 :7 → 133 812 :3 → 44 604 :3 → 14 868 :12 → 1239

133 812 :9 → 14 868 :7 → 2124

14 868 :12 → 1239

¡

i

¿

Spiel: Rechenlotto

Spielbeschreibung

Dieses Spiel könnt ihr zu zweit oder zu dritt spielen.

Der erste Spieler bestimmt mit drei Würfeln drei Zahlen. Nun muss er versuchen, mit diesen drei Zahlen eine Rechenaufgabe zu bilden, die als Ergebnis eine der Zahlen von 1 bis 12 ausweist.

<u>Beispiel:</u>

Ein Schüler würfelt die Zahlen 1, 3 und 6. Er kann dann zum Beispiel die Zahl 3 ($= 1 \cdot 6 - 3$), die Zahl 4 ($= 1 + 6 - 3$) oder die Zahl 10 ($= 1 + 6 + 3$) erhalten.

Findet der Schüler eine passende Rechnung, trägt er sie in die abgebildete Tabelle zu dem vorgegebenen Ergebnis ein und erhält einen Punkt. Diese Zeile ist dann aber für weitere Rechnungen mit demselben Ergebnis gesperrt. Anschließend ist der nächste Spieler am Zug.

Gewonnen hat der Schüler, der die meisten Punkte sammeln konnte.

Rechnung	Name
= 1	
= 2	
= 3	
= 4	
= 5	
= 6	
= 7	
= 8	
= 9	
= 10	
= 11	
= 12	

Info

Bei der Berechnung von Rechenausdrücken ist es wichtig, in welcher Reihenfolge die einzelnen Rechenschritte ausgeführt werden.

Hierbei gelten folgende Regeln:

1) Klammern werden zuerst berechnet (innere Klammern vor äußeren).

$$12 : [2 \cdot (7 - 4)] = 12 : [2 \cdot 3] = 12 : 6 = \underline{\underline{2}}$$

2) Punktrechnung ($\cdot$ und $:$) wird vor Strichrechnung ($+$ und $-$) ausgeführt.

$$4 \cdot 5 + 12 : 3 - 2 \cdot 7 = 20 + 4 - 14 = \underline{\underline{10}}$$

3) Punkt- und Strichrechnungen werden von links nach rechts berechnet.

$$4 \cdot 5 : 2 + 7 - 2 - 1 = 20 : 2 + 5 - 1 = 10 + 5 - 1 = 15 - 1 = \underline{\underline{14}}$$

Aber Vorsicht:

Mit Hilfe des Distributivgesetzes darf man die Klammer-Regel umgehen:

$$3 \cdot (4 + 5) = 3 \cdot 4 + 3 \cdot 5 = 12 + 15 = \underline{\underline{27}}$$

Name:

Berechne die folgenden Rechenausdrücke.

a) $7 \cdot 3 + 4 = 21 + 4 = \underline{25}$ ✓

b) $56 : 7 - 2 =$

c) $(2 + 7) \cdot 8 =$

d) $(90 - 9) : 9 =$

e) $105 : 7 : 5 =$

f) $100 - (105 - 80) =$

g) $50 - 23 - 21 =$

h) $4 \cdot (15 - 3) =$

i) $3 \cdot (7 + 4) \cdot 2 =$

Name:

Schreibe als Rechenausdruck und berechne dann.

a)   Multipliziere die Summe der beiden Zahlen 7 und 10 mit 5.

$(7 + 10) \cdot 5 = 17 \cdot 5 = \underline{85}$ ✓

b)   Dividiere die Differenz der beiden Zahlen 100 und 12 durch 4.

c)   Subtrahiere die Differenz der beiden Zahlen 200 und 120 von 112.

d)   Dividiere 182 durch die Summe der beiden Zahlen 6 und 7.

e)   Dividiere 315 durch das Produkt der beiden Zahlen 3 und 7.

f)   Multipliziere die Summe der beiden Zahlen 15 und 3 mit sich selbst.

g)   Multipliziere die Summe der beiden Zahlen 15 und 3 mit ihrer Differenz.

h)   Subtrahiere das Produkt der beiden Zahlen 15 und 3 mit dem Quotienten der Zahlen 48 und 6.

i)   Addiere den Quotienten der beiden Zahlen 144 und 6 zu dem Quotienten der Zahlen 78 und 3.

82

Berechne die folgenden Rechenausdrücke.

a) $7 \cdot (110-85) - 1000 : 8 =$

$7 \cdot 25 - 125 = 175 - 125 = \underline{50}$ ✓

b) $144 : 9 \cdot 4 \cdot 81 : 12 : 3 : 3 : 3 =$

c) $8 \cdot (1000 - 7500 : 25) \cdot 5 : 4 =$

d) $5 \cdot (166\,000 + 204 \cdot 500) - 1 =$

e) $[184 : 8 + 34 \cdot 250 : 17 : 5] \cdot 9 =$

f) $6 \cdot [9 \cdot (20-5) - 30] : 9 - 13 \cdot 5 =$

g) $265 \cdot (33 : 3) : 5 \cdot (686 : 98) =$

h) $32 : [560 : (945 : (135 : 5))] =$

i) $1268 \cdot 845 \cdot 0 + 1 - (16 \cdot 15 - (20 \cdot 20 - 4 \cdot 4 \cdot 2 \cdot 5 - 1)) =$

Die folgenden Rechenausdrücke unterscheiden sich nur geringfügig. Berechne ihre Werte.

a) $4 \cdot 12 - 6 + 9 : 3 \cdot 5 = 48 - 6 + 15 = 42 + 15 = \underline{57}$ ✓

b) $4 \cdot 12 - (6+9) : (3 \cdot 5) =$

c) $4 \cdot (12-6) + 9 : 3 \cdot 5 =$

d) $4 \cdot (12 - 6 + 9 : 3 \cdot 5) =$

e) $(4 \cdot 12 - 6 + 9 : 3) \cdot 5 =$

f) $4 + 12 + 6 \cdot 9 : 3 - 5 =$

g) $4 + 12 \cdot 6 : 9 \cdot 3 \cdot 5 =$

h) $4 + 12 - 6 - [(9-3) - 5] =$

i) $4 - [(12-6) + 9 - 3 \cdot 5] =$

V-2 Berechnung von Rechenausdrücken

Lösungen

	Übung 1	Übung 2	Übung 3	Übung 4

a)	25	5·(7+10) = 85	57	50
b)	6	(100 -12) : 4 = 22	47	1
c)	72	112-(200-120) = 32	39	7000
d)	9	182:(6+7) = 14	84	1 339 999
e)	3	315:(3·7) = 15	225	1107
f)	75	(15+3)·(15+3) = 324	29	5
g)	6	(15+3)·(15-3) = 216	124	4081
h)	48	15·3-48:6 = 37	9	2
i)	66	144:6+78:3 = 50	4	0

V-2 Berechnung von Rechenausdrücken

Lösungen

	Übung 1	Übung 2	Übung 3	Übung 4
a)	25	5·(7+10) = 85	57	50
b)	6	(100 -12) : 4 = 22	47	1
c)	72	112-(200-120) = 32	39	7000
d)	9	182:(6+7) = 14	84	1 339 999
e)	3	315:(3·7) = 15	225	1107
f)	75	(15+3)·(15+3) = 324	29	5
g)	6	(15+3)·(15-3) = 216	124	4081
h)	48	15·3-48:6 = 37	9	2
i)	66	144:6+78:3 = 50	4	0

© Als Kopiervorlage freigegeben. Ernst Klett Verlag GmbH, Stuttgart 2001

Spiel: Pyramiden-Spiel

Spielbeschreibung

1) Schneide mit einer <u>Schere</u> die 25 Quadrate an den Linien aus.

2) Lege die Kärtchen so zusammen, dass angrenzende Zahlen übereinstimmen.
   (Die gepunkteten Felder markieren den Rand.)

3) Bei richtiger Lösung erhältst du aus den weißen Buchstaben einen Lösungssatz.

The game grid (powers and values on the cards):

E: 50^2 / $4\cdot10^6$ · 320 000 / 300 000	A: 12^2 / 10^3 · 100 / 36	N: 15^2 · 100 000 / 81	L: 400^2 / 200^2 · 16	U: 3^5 · 160 000
S: 4^5 · 400 000 / 243	G: 5^2 / 2^2 · 32	E: 9^2 / 30^2 · 50 000 / 1024	G: 8^2 / 2^5 · 49 / 16	B: $4\cdot10^5$ / $2\cdot10^2$ · 500 / 40 000
I: 4^2 / 3^2 · 900 / 121	T: 25^2 / 5^3 · 256 / 169	S: 20^3 / — · 225 / 1024	T: 13^2 / 10^4 · 625 / 1000	T: 7^2 / 2^4 · 400 / 8
T: $41\cdot10^3$ · 2500 / 900	S: $5\cdot10^2$ / 4^4 · 9 / 144	A: 20^3 · 512	G: $5\cdot10^4$ / $32\cdot10^4$ · 200 / 4 000 000	W: $5\cdot10^3$ · 400 / 4 000 000
U: 6^2 / 2^3 · 4	R: 11^2 / 10^2 · 25	E: 14^2 / 10^5 · 64 / 10 000	I: · 5000 / 41 000	H: $3\cdot10^5$ · 196 / 125

V-3 Potenzieren

Info

Statt eines Produktes mit gleichen Faktoren (zum Beispiel $5\cdot5\cdot5\cdot5$) können wir auch eine Potenz schreiben:

$$5\cdot5\cdot5\cdot5 = 5^4 \quad \underbrace{}_{\text{Potenz}}$$

Dabei gibt die Hochzahl (4) an, wie oft die Grundzahl (5) multipliziert wird.

Potenzieren kommt vor Punktrechnung ($\cdot$ und $:$).

$$3\cdot4^2 = 3\cdot16 = 48$$

$$(aber: 3\cdot4^2 \neq 12^2)$$

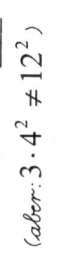
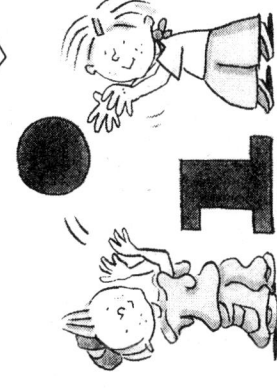

Sehr große Zahlen können mit Hilfe einer Potenz einfacher geschrieben werden:

$$10\,000\,000 = 10\cdot10\cdot10\cdot10\cdot10\cdot10\cdot10 = 10^7$$

$$500\,000\,000\,000 = 5\cdot10^{11}$$

$$120\,000\,000\,000 = 12\cdot10^{10}$$

V-3 Potenzieren

Übung 1

Name: _____

Schreibe die Potenzen zunächst als Produkt und berechne dann.

a) $2^5 = 2 \cdot 2 \cdot 2 \cdot 2 \cdot 2 = \underline{32}$ ✓

b) $5^2 =$

c) $3^4 =$

d) $4^3 =$

e) $5^3 =$

f) $15^2 =$

g) $100^2 =$

h) $10^4 =$

i) $10^9 =$

V-3 Potenzieren

Übung 2

Name: _____

Fasse Potenzen zusammen.

a) $2 \cdot 11 \cdot 2 \cdot 11 \cdot 2 = 2 \cdot 2 \cdot 2 \cdot 11 \cdot 11 \cdot 11 = \underline{2^4 \cdot 11^3}$ ✓

b) $5 \cdot 5 \cdot 5 \cdot 3 \cdot 3 \cdot 3 \cdot 3 =$

c) $11 \cdot 11 \cdot 11 \cdot 13 \cdot 14 \cdot 13 \cdot 14 \cdot 11 =$

d) $2 \cdot 3 \cdot 4 \cdot 5 \cdot 4 \cdot 3 \cdot 2 =$

e) $7 \cdot 7 \cdot 7 \cdot 7 \cdot 7 \cdot 8 \cdot 8 \cdot 8 =$

f) $12 \cdot 12 \cdot 10 \cdot 10 \cdot 10 \cdot 10 =$

g) $5 \cdot 5 \cdot 5 \cdot 5 \cdot 5 \cdot 2 \cdot 2 =$

h) $10 \cdot 10 \cdot 10 \cdot 10 \cdot 10 \cdot 10 \cdot 10 =$

i) $19 \cdot 17 \cdot 17 \cdot 17 \cdot 17 \cdot 19 \cdot 17 =$

V-3 Potenzieren

Übung 4

Name:

Ergänze die Tabelle.

	Zahl ohne Zehnerpotenz	Zahl mit Zehnerpotenz
a)	400 000	$4 \cdot 10^5$ ✓
b)	120 000 000 000	
c)	133 000 000	
d)		$15 \cdot 10^3$
e)		$8 \cdot 10^8$
f)		$9 \cdot 10^{10}$
g)	70 000 000 000 000 000	
h)		$12 \cdot 10^{12}$

V-3 Potenzieren

Übung 3

Name:

Berechne die Rechenausdrücke.

a) $3^2 + 5^2 = 9 + 25 = \underline{34}$ ✓

b) $2 \cdot 7^2 + 5^3 + 15^2 =$

c) $1^8 \cdot 2 \cdot (2^7 - 8^2) =$

d) $10^4 - (10^3 - (10^2 - 10)) =$

e) $2 \cdot (16 - 14)^3 =$

f) $3^4 - 2 \cdot 5^2 + 3^2 \cdot (2^5 - 5^2) =$

g) $(3^2 + 5^2)^2 =$

h) $(4 + 2 \cdot 4^2) \cdot 3 : 4 =$

i) $6^2 \cdot (13^2 - 11^2) - 6^2 \cdot (13 - 11)^2 =$

 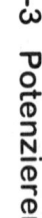

	Übung 1 	Übung 2	Übung 3 
a)	32	$2^4 \cdot 11^3$	34
b)	25	$5^3 \cdot 3^5$	448
c)	81	$11^4 \cdot 13^2 \cdot 14^2$	128
d)	64	$2^2 \cdot 3^2 \cdot 4^2 \cdot 5^2$	9090
e)	125	$7^8 \cdot 8^3$	16
f)	225	$12^2 \cdot 10^4$	94
g)	10 000	$5^6 \cdot 2^2$	1156
h)	10 000	10^8	27
i)	1 000 000 000	$17^6 \cdot 19^2$	1584

V-3 Potenzieren
Lösungen

	Übung 4 	
	Zahl ohne Zehnerpotenz	Zahl mit Zehnerpotenz
a)	400 000	$4 \cdot 10^5$
b)	120 000 000 000	$12 \cdot 10^{10}$
c)	133 000 000	$133 \cdot 10^6$
d)	15 000	$15 \cdot 10^3$
e)	800 000 000	$8 \cdot 10^8$
f)	90 000 000 000	$9 \cdot 10^{10}$
g)	70 000 000 000 000 000	$7 \cdot 10^{16}$
h)	12 000 000 000 000	$12 \cdot 10^{12}$

V-4 Vermischte Aufgaben

Info

Natürliche Zahlen

In der 5. Klasse rechnen wir mit den natürlichen Zahlen (0; 1; 2; 3 ...). Es gibt unendlich viele natürliche Zahlen, die sich am Zahlenstrahl darstellen lassen. (Weitere Infos in Kapitel I-1.)

Wir können die natürlichen Zahlen mit unserem Zehnersystem, aber auch mit anderen Stellenwertsystemen oder mit römischen Zahlzeichen darstellen. (Weitere Infos in Kapitel I-4.)

Wenn wir die Rechengesetze für die vier Grundrechenarten (+, −, · und :) beachten, können wir Rechenausdrücke berechnen. (Weitere Infos in Kapitel III-3 und V-2.)

In Textaufgaben rechnen wir häufig mit Größen. Sie besitzen immer eine Maßzahl und eine Maßeinheit. Bei Rechenausdrücken mit Größen muss darauf geachtet worden, dass nur Größen mit gleichen Maßeinheiten addiert oder subtrahiert werden dürfen. Weiterhin dürfen Größen mit einer natürlichen Zahl multipliziert oder durch eine natürliche Zahl dividiert worden. . (Weitere Infos zu Größen in Kapitel II.)

V-4 Vermischte Aufgaben

Das Kreuzzahlrätsel

Spielbeschreibung

Das abgebildete „Kreuzzahlrätsel" wird wie ein Kreuzworträtsel ausgefüllt. Hierbei beansprucht jede Ziffer ein eigenes Feld.

waagerecht

1) 11^2
3) $794 \cdot 5^3$
5) $1\,275\,404 : 2$
7) $100\,000 - 54\,322$
9) DXXIV
10) $1000 - (250 - 14^2)$
14) MMMCCLXXV
17) $60 \cdot 40$
18) $50\,000 - 2779$
20) $4 \cdot 10^4$
22) $20 \cdot 90 + 20$
23) $(1100)_2$
25) $300476 : 4$
26) 10^5
28) $(5500 - 64) : 2$
30) $3 \cdot 103 - 3 \cdot 98$

senkrecht

1) 14^2
2) $5862 : 2$
4) $10\,000 - (9000 - (300 - 5^2))$
6) $21^2 - 40 - 1$
    $5000 + 27^2$
8) XXV
11) $(101)_3$
12) $823 - 356 + 2000$
13) $25 \cdot (100 - 66) : 2$
16) CDXX
19) $322 \cdot 251$
21) $2\,953\,763 + 67\,168\,087$
24) $9 \cdot (495 + 15)$
27) $13^2 + 1$
29) 30^2
30) $8 \cdot 9 + 6^2 + 2$

(Kreuzzahlrätsel-Gitter mit den nummerierten Feldern 1–30 und Fragezeichen-Feldern)

Vorsicht! In den folgenden Rechnungen befinden sich einige Fehler. Finde sie und löse die Aufgaben richtig.

a) $2+18\cdot(7+12)=20\cdot19=380$ ✗
   $2 + 18 \cdot 19 = \underline{344}$ *(Punkt- vor Strichrechnung)*

b) $50-23-3=50-20=30$

c) $3\cdot(17+8)\cdot2=3\cdot17+3\cdot8\cdot2=51+48=99$

d) $3\cdot16+2-5=3\cdot16=48+2=50-5=45$

e) $2\cdot10^2+5=20^2+5=400+5=405$

f) $(5+3)\cdot(2+7)=(5+3\cdot2+3\cdot7)=5+6+21=32$

g) $200:5:5:2:2=200:(5:5):(2:2)=200:1:1=200$

h) $3^4+2^3=(3+3+3+3)+(2+2+2)=18$

i) $100-(63-21)=37-21=16$

Berechne die Rechenausdrücke.

a) $2^2+2\cdot(1+5) = 4+2\cdot6 = 4+12 = \underline{16}$ ✓

b) $10^2-(20-8)=$

c) $12\cdot3\cdot8:4:2=$

d) $20-[30-(50-30)]=$

e) $7\cdot5\cdot3^2\cdot2=$

f) $5\cdot10^2:25=$

g) $(3+12)\cdot(10-8)=$

h) $(18-3):(2+3)=$

i) $(10-1)\cdot(10+1)=$

V-4 Vermischte Aufgaben

Übung 4

Name: _____

Berechne die Rechenausdrücke und gib das Ergebnis im Zehnersystem an.

a) $(110)_2 + (11)_2 = 6 + 3 = \underline{9}$ ✓

b) $(100)_2 \cdot (111)_2 =$

c) $(1001)_2 : (11)_2 =$

d) $(11111)_2 - (10101)_2 =$

e) $(1110)_2 + (10)_2 \cdot [(111)_2 + (101)_2] =$

f) $(10101)_2 : [(1000)_2 - (1)_2] =$

g) $[(100)_2 - (11)_2] \cdot [(1010)_2 + (1010)_2] =$

h) $(120)_4 - (120)_3 =$

i) $(24)_5 + (10)_3 \cdot [(22)_4 + (11)_4] =$

V-4 Vermischte Aufgaben

Übung 3

Name: _____

Berechne die Rechenausdrücke.

a) $3^2 + 5 \cdot (100 - 25) : 3 = 9 + 25 = \underline{34}$ ✓

b) $17 - (10 - 3 - 1 - 2) \cdot 2 =$

c) $(6 \cdot 16 - 8 \cdot 8) : 4 =$

d) $(366 + 23 \cdot 11 - 200) \cdot (101 - 99) =$

e) $2 \cdot (3 + 4 \cdot (5 + 6 \cdot 7)) =$

f) $2 \cdot 3 + 4 \cdot 5 + 6 \cdot 7 + 8 \cdot 9 + 10 \cdot 11 =$

g) $(3 + 5) \cdot (5 + 3) \cdot (5 - 3) =$

h) $7 \cdot 10^6 - (1\,000\,000 - 3 \cdot 10^5) =$

i) $6 \cdot (120 - 92) - 6 \cdot (12 + 11) =$

V-4 Vermischte Aufgaben

Lösungen

	Übung 2	Übung 3	Übung 4
a)	16	34	9
b)	88	9	28
c)	36	8	3
d)	10	838	10
e)	630	382	38
f)	20	250	3
g)	30	128	20
h)	3	6 300 000	9
i)	99	30	59

V-4 Vermischte Aufgaben

Lösungen

Übung 1

a) $2 + 18 \cdot (7 + 12) = 2 + 18 \cdot 19 = \underline{344}$
(Punkt- vor Strichrechnung)

b) $50 - 23 - 3 = 27 - 3 = \underline{24}$
(von links nach rechts rechnen)

c) $3 \cdot (17 + 8) \cdot 2 = 3 \cdot 25 \cdot 2 = 75 \cdot 2 = \underline{150}$
(Klammern falsch aufgelöst)

d) $3 \cdot 16 + 2 - 5 = 48 + 2 - 5 = 50 - 5 = \underline{45}$
(keine richtigen Gleichungen)

e) $2 \cdot 10^2 + 5 = 2 \cdot 100 + 5 = 200 + 5 = \underline{205}$
(Potenzieren kommt vor Punktrechnung)

f) $(5 + 3) \cdot (2 + 7) = 8 \cdot 9 = \underline{72}$
(erste Klammer nicht beachtet)

g) $200 : 5 : 2 : 2 = 40 : 5 : 2 : 2 = 8 : 2 : 2 = 4 : 2 = \underline{2}$
(Assoziativgesetz gilt nicht bei der Division)

h) $3^4 + 2^3 = 3 \cdot 3 \cdot 3 \cdot 3 + 2 \cdot 2 \cdot 2 = 81 + 8 = \underline{89}$
(Potenzen falsch umgeschrieben)

i) $100 - (63 - 21) = 100 - 42 = \underline{58}$
(Klammer nicht beachtet)

Lösungen für Spiele

Lösungstabelle

```
        S K K V J E V D N I H N J E N F Ö P J H J A
        G   H F J D D R D E Z R L   Z D O T Ö H J I
I-2 ►   R E G D L I M H K N D E Ö   Q D G   D M V
I-2 ►   R H R H K U J D L T L T Ö U Z B M C N V D H
I-4 ►   J L F D G A L D Ü U W B F   G D Y   F D H
II-2►   P N T S H I U F Q G D K H A G A K U D Ä Ü F
II-2►   D T R B T A N H V M Ä N H I A O J K Z G H

        C B Y W X U C Y B G Q C F H H T J   L A K
        T B N H L A D Ü E D R L Z L H Z V   T F Z
        S U D H L H J E Q R W S Z   E Z R   T Ö Z
        T M M   D A N Z B T U H V E   V B   C V X
II-2►   N Z M   J W V J B E K I X   B L H   G Ö F
IV-2►   6 G V 2 4 U D G V T D   V G G   N E S L 5 R
V-1 ►   H I 7 F I S G D K T 5   H   7 H 9   1 3
V-3 ►   D T D D D I D D D W D S D C D D H D D D
V-3 ►   F   X D G   H B J Ä D   N   G Ö N   L C K
V-3 ►   B F T D Z I V   C U M S   C I N P H B Ü H E
        2 A S 5 8 T 9 J D 8 3 E H N G F 4   J G 1
        Q H   G W A E 6 R M Z L H B J 4 G   K H
        H   F E D   J Ü I D U   U 6 7   C 4 A
        0 G D 3 F 5 T 2   G F R K 4 G L   O 5 7 D 8
```

Lösungen für Spiele

Lösungskärtchen

Herstellung der Lösungskärtchen

Das unten abgebildete Kärtchen wird zunächst kopiert und dann laminiert. Nach dem Ausschneiden werden die grau unterlegten Kreise mit einem Locher ausgestanzt. (Als Hilfe hierzu dienen die schwarzen Dreiecke am oberen und unteren Rand.)

Bestimmung einer Lösung

Das Kärtchen wird mit dem links abgebildeten Pfeil an den entgegengesetzten Pfeil auf der Lösungstabelle gesetzt. Dann lässt sich die Lösung durch die Löcher ablesen.

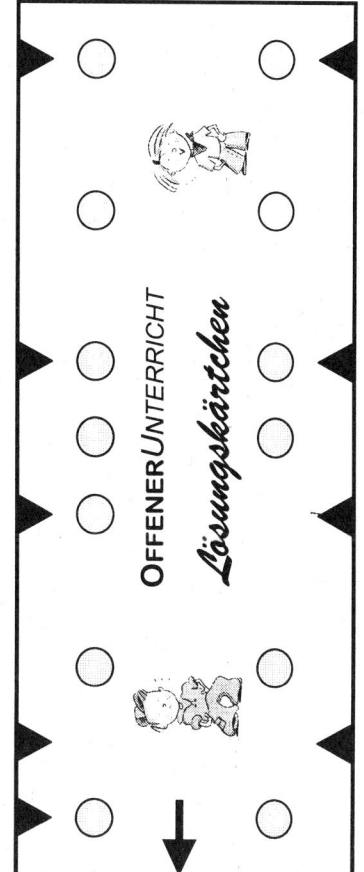

OFFENER UNTERRICHT

Lösungskärtchen

Ergebnis-Blatt

Name: _____   Datum: _____

	Kapitel: ___ Übung: ___	Kapitel: ___ Übung: ___	Kapitel: ___ Übung: ___	Kapitel: ___ Übung: ___
a)				
b)				
c)				
d)				
e)				
f)				
g)				
h)				
i)				

Ergebnis-Blatt

Name: _____   Datum: _____

	Kapitel: ___ Übung: ___	Kapitel: ___ Übung: ___	Kapitel: ___ Übung: ___	Kapitel: ___ Übung: ___
a)				
b)				
c)				
d)				
e)				
f)				
g)				
h)				
i)				

Lösungen

	Übung 1	Übung 2	Übung 3	Übung 4
a)				
b)				
c)				
d)				
e)				
f)				
g)				
h)				
i)				

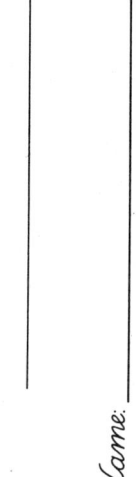

Name: _____

a) _____

b) _____

c) _____

d) _____

e) _____

f) _____

g) _____

h) _____

i) _____

Protokoll

Einheit	Blatt	Datum	Protokoll			Lehrer/-in
			zu leicht ☺	genau richtig ☺	zu schwer ☹	
	Info					
	Übung 1					
	Übung 2					
	Übung 3					
	Übung 4					
	Spiel					
	Info					
	Übung 1					
	Übung 2					
	Übung 3					
	Übung 4					
	Spiel					
	Info					
	Übung 1					
	Übung 2					
	Übung 3					
	Übung 4					
	Spiel					
	Info					
	Übung 1					
	Übung 2					
	Übung 3					
	Übung 4					
	Spiel					

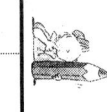

Protokoll

Einheit	Blatt	Datum	Protokoll			Lehrer/-in
			zu leicht ☺	genau richtig ☺	zu schwer ☹	
	Info					
	Übung 1					
	Übung 2					
	Übung 3					
	Übung 4					
	Spiel					
	Info					
	Übung 1					
	Übung 2					
	Übung 3					
	Übung 4					
	Spiel					
	Info					
	Übung 1					
	Übung 2					
	Übung 3					
	Übung 4					
	Spiel					
	Info					
	Übung 1					
	Übung 2					
	Übung 3					
	Übung 4					
	Spiel					